画像生成AI
メイキングテクニックガ

IMAGE GENERATION AI
MAKING TECHNIQUE GUIDE

Generative AI 編集部 著

SB Creative

CONTENTS

本書に関するお問い合わせ ………………………………………………………………… 006

Part 1 画像生成を始めよう ▶ 007

section 1 画像生成AIを知ろう ………………………………………… 008

- 画像生成AIとは何か …………………………………………………… 008
- 画像生成AIはどのように使われているのか ………………………… 008
- 画像生成AIが登場した背景 …………………………………………… 009

section 2 画像生成AIのしくみ ………………………………………… 010

- 入力情報処理と画像ジェネレーター ………………………………… 010
- 自然言語処理や画像解析で「特徴量」を抽出する ………………… 010
- 「特徴量」を反映させた画像を生成する …………………………… 011
- 画像生成AIの学習とは ………………………………………………… 012

section 3 最適な画像生成AIを見つけよう …………………………… 013

- 画像生成AIそれぞれの特徴を比較する ……………………………… 013

  Column ChatGPTからDALL-Eを使う　013

section 4 Stable Diffusionを使おう ………………………………… 014

- Stable Diffusionとは …………………………………………………… 014
- 自身のPCで利用する …………………………………………………… 014

2

- クラウド上で利用する ………………………………………………… 015
- Webサービスを利用する ………………………………………………… 016
- Stable Diffusionのバージョンとは ………………………………… 018
- Stable Diffusion WebUIとは ………………………………………… 018
- Stable Diffusion WebUI AUTOMATIC1111のUIを確認する ……… 020
- テキストから画像を生成する ………………………………………… 022

  Column Hires. fix / Refinerとは　024

- 画像をもとに新たな画像を生成する ………………………………… 025
- 画像から特定の情報を抽出して新たな画像を生成する ………… 029
- 追加学習ファイル（LoRA）を利用する …………………………… 032

section 5　Midjourney/niji・journeyを使おう …………………… 034

- Midjourney/niji・journeyとは ……………………………………… 034

  Column Discordとは　035

- Midjourneyに登録する ………………………………………………… 036
- niji・journeyに登録する ……………………………………………… 039

  Column アカウント作成後に支払い登録を変更する　039

- Midjourney/niji・journeyで画像生成の設定を行う ……………… 040

  Column 自分専用サーバーを作って画像生成を行う　042

- Midjourney/niji・journeyで画像を生成する ……………………… 042
- Midjourney/niji・journeyの基本機能を使う ……………………… 043
- Midjourney/niji・journeyでプロンプトを構築する ……………… 046
- Midjourney/niji・journeyのパラメーターを活用する …………… 047

キャラクターリファレンスを利用する ……………………………… 048

スタイルリファレンスを利用する ………………………………… 048

パーソナライズを利用する ………………………………………… 049

Midjourney/niji・journeyのコマンド機能を活用する ……………… 049

section 6 NovelAIを使おう …………………………………… 050

NovelAIとは …………………………………………………………… 050

NovelAIに登録する ………………………………………………… 051

NovelAIで画像を生成する ………………………………………… 053

NovelAIの基本機能を使う ………………………………………… 058

image2imageで画像を生成する …………………………………… 061

バイブストランスファーを使う …………………………………… 062

NovelAIでプロンプトを構築する ………………………………… 063

ディレクターツールを使って画像を編集する ………………… 065

section 7 Adobe Fireflyを使おう ……………………………… 067

Adobe Fireflyとは …………………………………………………… 067

Adobe Fireflyに登録する …………………………………………… 067

Adobe Fireflyで画像を生成する ………………………………… 069

Part 2 制作テクニックを知ろう ▶ 071

- File 01 Sentaku 072
- File 02 万里ゆらり 088
- File 03 フィナス 104
- File 04 シトラス（柑橘系） 120
- File 05 あいきみ 138
- File 06 くよう 156
- File 07 茶々のこ 186

 Column　Stable Diffusionの拡張機能を活用しよう　208

Part 3 画像生成AI活用の注意点 ▶ 209

Reference 223

本書に関するお問い合わせ

この度は小社書籍をご購入いただき誠にありがとうございます。小社では本書の内容に関するご質問を受け付けております。本書を読み進めていただきます中でご不明な箇所がございましたらお問い合わせください。なお、お問い合わせに関しましては下記のガイドラインを設けております。恐れ入りますが、ご質問の際は最初に下記ガイドラインをご確認ください。

ご質問の前に

小社Webサイトで「正誤表」をご確認ください。最新の正誤情報をサポートページに掲載しております。

▶ **本書サポートページURL**
URL https://isbn2.sbcr.jp/27034/

上記ページの「正誤情報」のリンクをクリックしてください。なお、正誤情報がない場合、リンクをクリックすることはできません。

ご質問の際の注意点

- ご質問はメール、または郵便など、必ず文書にてお願いいたします。お電話では承っておりません。
- ご質問は本書の記述に関することのみとさせていただいております。従いまして、○○ページの○○行目というように記述箇所をはっきりお書き添えください。記述箇所が明記されていない場合、ご質問を承れないことがございます。
- 小社出版物の著作権は著者に帰属いたします。従いまして、ご質問に関する回答も基本的に著者に確認の上回答いたしております。これに伴い返信は数日ないしそれ以上かかる場合がございます。あらかじめご了承ください。

ご質問送付先

ご質問については下記のいずれかの方法をご利用ください。

> **Webページより**
> 上記のサポートページ内にある「お問い合わせ」をクリックすると、メールフォームが開きます。要綱に従って質問内容を記入の上、送信ボタンを押してください。

> **郵送**
> 郵送の場合は下記までお願いいたします。
>
> 〒105-0001
> 東京都港区虎ノ門2-2-1
> SBクリエイティブ　読者サポート係

- 本書で紹介する内容は執筆時の最新バージョンであるWindows11（Home/Pro）の環境下で動作することを確認しています。
- 本書内に記載されている会社名、商品名、製品名などは一般に各社の登録商標または商標です。本書中では®、™マークは明記しておりません。
- 本書の出版にあたっては、正確な記述に努めましたが、本書の内容に基づく運用結果について、著者、寄稿者およびSBクリエイティブ株式会社は一切の責任を負いかねますのでご了承ください。

©2024 SB Creative Corp.　本書の内容は著作権法上の保護を受けています。著作権者・出版権者の文書による許諾を得ずに、本書の一部または全部を無断で複写・複製・転載することは禁じられております。

Part

画像生成を始めよう

section 1 ▶ 画像生成AIを知ろう
section 2 ▶ 画像生成AIのしくみ
section 3 ▶ 最適な画像生成AIを見つけよう
section 4 ▶ Stable Diffusionを使おう
section 5 ▶ Midjourney/niji・journeyを使おう
section 6 ▶ NovelAIを使おう
section 7 ▶ Adobe Fireflyを使おう

section 1 画像生成AIを知ろう

画像生成AIとは何か

　画像生成AIとは人工知能（AI）、特に深層学習（ディープラーニング）を用いて画像を生成する技術です。入力されたテキスト（テキストプロンプト）や簡単なスケッチ（イメージプロンプト）などから、完成形の画像の推論を行うことで、カラーマーカーで描いたようなイラストから絶景を撮影した写真まで幅広いジャンルの画像を生成することができます。例えば、「青い空と白い雲」というテキストを入力すると、そのテキストに基づいた画像が生成されます。

画像生成AIはどのように使われているのか

　画像生成AIの活用は徐々に広がりを見せています。現在の使われ方としては大きく分けて❶そのまま画像として利用する、❷アイディア出しとして利用する、❸素材として制作の中に利用する、❹作画ツールとして利用する、のパターンがあり、さらにこれらを組み合わせた様々な利用方法があります。

画像生成AIの活用パターン

❶ そのまま画像として利用する
　生成された画像を、そのままポスターやウェブサイトなどに使用。

❷ アイディア出しとして利用する
　デザインやコンセプトの初期段階で、アイディアを引き出すために利用。

❸ 素材として制作の中に利用する
　生成された画像を一部加工して、イラストや映像作品の素材として使用。

❹ 作画ツールとして利用する
　絵を描く際の補助ツールとして、構図や配色の参考として使用。

画像生成AIが登場した背景

　画像関連のAIが広く知られるようになったのは、ここ2年間の生成AIの普及が大きく影響しています。しかし、この技術は決して突然登場したわけではありません。生成AIが注目を浴びる以前から、画像認識や解析などの分野でAIの活用は進んでいました。

　特に、フィルターによる「画像の局所的な特徴を検出する技術」と、ニューラルネットワークによる「複雑なパターンの学習」が可能になったことにより誕生したCNN（Convolutional Neural Networks）は、画像検出技術として様々な場面で利用されてきました。

　また、Adobe Photoshopなどの画像編集ソフトウェアでも、従来はエッジの検出や色調補正をアルゴリズムで行っていましたが、AIによる被写体の自動選択や背景の自動塗りつぶしなどのツールが徐々に実装されていました。

　そして、「膨大な量のデジタルデータの蓄積」と「コンピューターの計算処理能力の向上」という条件が揃い、新しい人工知能技術である深層学習が本格的に実装されました。深層学習は膨大なデータからパターンや特徴を学び、自動的に改善する技術です。生成AIはこの深層学習を利用し、「膨大なデータで学習を行ったモデルを利用して新しいデータを生成する」技術として確立されました。

> **人工知能（AI）**
> 人間と同じような知能をコンピューター上で再現しようとする技術。
>
> **機械学習**
> コンピューターが特定のタスクを実行できるように訓練する手法。
> 人間が特徴を定義し、それに基づいて大量のデータでトレーニングを行う。
>
> **ディープラーニング**
> 多層ニューラルネットワークを使用してデータを分析する手法。
> 人間に頼らず大量のデータから自動で複雑なパターンを見つけ出す。
>
> **生成AI**
> 与えられたデータから新しいデータを生成するAI技術。
> 文章生成、画像生成、音声合成などがある。

　このように、画像処理AIと生成AIの研究は長い時間をかけて結実し、これらを利用した技術として画像生成AIが誕生しました。特に、2014年のGAN（Generative Adversarial Networks）の登場は大きな影響を与え、この分野の研究がますます進展しました。さらに、2021年にはOpenAIから自然言語処理と画像生成を組み合わせた「DALL-E」と、そのカギとなる「CLIP」が発表されました。そして、2022年にはついに「DALL-E 2」、「MidJourney」、「Stable Diffusion」が登場し、誰もが画像生成を体験することができるようになり急速にその認知が広がったのです。

section 2 画像生成AIのしくみ

入力情報処理と画像ジェネレーター

　現在、私たちが利用できる画像生成AIは生成したい画像の特徴を指示するとそれに合わせた画像を出力することができます。これにはどのような仕組みが用いられているのでしょうか。本書で解説する画像生成AIは入力情報（テキストや画像）を分析し、その結果を反映させた画像を出力するという仕組みになっているため、「入力情報処理」と「画像ジェネレーター」の2つの役割に分けて解説していきます。

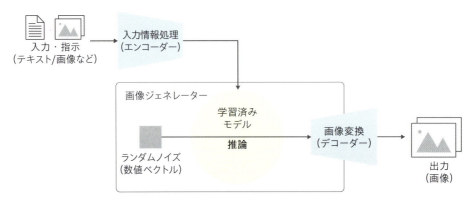

▲ AIに対して情報を与えること（「入力」行為）を「学習」と勘違いしてしまうかもしれませんが、AIの利用段階において「学習」は行われません。既に学習済みのモデルを利用します。AIの「学習」についてはP.012で解説します。

自然言語処理や画像解析で「特徴量」を抽出する

　まず、入力情報処理には事前学習されたAIモデルが利用されます。例えば、CLIPと呼ばれる自然言語処理モデルを利用してテキストの意味や関係性を解析したり、画像解析モデルで画像上の線や色などのパターンを解析します。このような仕組みで入力された情報の特徴を抽出し、「画像ジェネレーター」と共通で認識できる特徴量（数値ベクトル）に変換します。

データから特徴を見つけ出し数値化

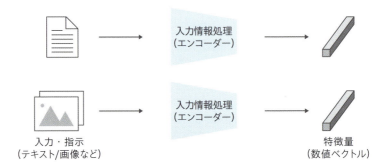

「特徴量」を反映させた画像を生成する

続いて、生成タスクを担当する「画像ジェネレーター」は、ランダムなノイズ情報をもとに推論を行って画像を出力するように事前学習されたモデルです。現在の「画像ジェネレーター」には主にLDM (Latent Diffusion Model) が利用されています。LDMはランダムなノイズ情報から不要なノイズを取り除くことを繰り返すことで新しいデータを生成します。

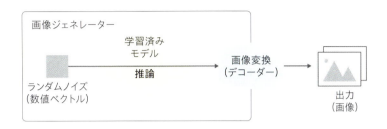

この時、入力情報から解析された特徴量が新しいデータ生成の方向性を指示する役割を果たします。これにより、ランダムなデータ生成ではなく、ユーザーの意図した画像を生成することができます。

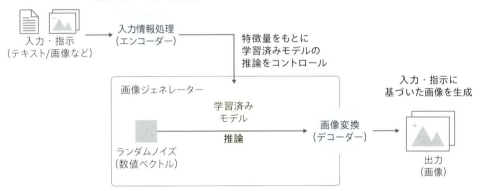

現在の画像生成AIは、「入力情報処理」と「画像ジェネレーター」の実装や使用するモデルの事前学習の内容を工夫することで、より高度な制御方法や高品質な画像生成を実現しています。ここでは実際の推論の様子などの詳細を省いていますが、もっと詳しく知りたい場合は、以下を参考にしてください。

🔗 **CompVis/latent-diffusion**
https://github.com/CompVis/latent-diffusion

画像生成AIの学習とは

さて、画像生成AIについて全体の概要を解説しましたが、最後にAIの「学習」についても知っておきましょう。AIのモデルとは、数式とパラメーターが保存されている情報のことを指します。ユーザーから見ると、AIはすぐに画像を出力してくるので何をやっているのかさっぱり見当がつきませんが、実際は入力された情報を数値化し、モデルが保存している数式とパラメーターに従って推論、すなわち確率計算を超高速で行っているのです。AIの学習とは、このモデルがより確からしい結果を導き出せるように、保存されているパラメーターを調整することを意味します。

画像生成AIモデルの学習は、入力情報であるテキストと出力情報である画像のペアを大量に使って行われます。テキストを入力し、モデルを使って計算すると出力が得られ、その出力結果と学習用の画像の特徴を比較します。次に、どのパラメーターを調整すれば出力結果の特徴が学習画像の特徴に近づくかを逆算してモデルを最適化します。この調整を多様なテキストと画像のペアで繰り返し行うことで、モデルはテキストと画像の持つ特徴の関係性をより正確に確率計算で推論できるようになります。

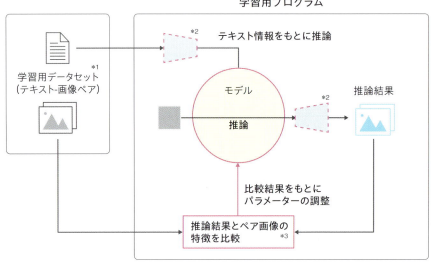

▲ ＊1：大規模なデータセットは既に数値化されています。
＊2：エンコーダーおよびデコーダーもモデルの範囲に含まれ同時に学習する場合もあります。
＊3：推論結果の比較は画像ではなく特徴量（数値ベクトル）で行われる場合もあります。

この際に、学習に利用するテキストと画像が少なかったり、偏りがあったりすると、モデルはうまく出力を導き出すことができません。一方で、モデルに保存できるパラメーターの数にも限りがあるため、使い勝手の良いモデルを作るにはバランスが求められます。このように、学習には大量のデータと適切な調整が必要なため、画像生成AIでは大規模な学習を行ってテキストと画像の特徴の関係性を学習した基盤モデルに対して、用途に応じた比較的小規模な追加学習（ファインチューニング）を行うことが一般的です。

最適な画像生成AIを見つけよう

画像生成AIそれぞれの特徴を比較する

画像生成AIは非常に多くの種類がありますが、本書では以下について解説していきます。

Stable Diffusion

概要	現在主流の画像生成モデルの基礎。最も自由に利用できる。
費用	自前のPC上で動かす場合は無料。有料オンラインサービス多数あり。
難易度	自前のPCのセットアップにはある程度のPC知識が必要で設定項目も多い。オンラインサービスは比較的簡易化されている。基本的にプロンプトは英語で入力する必要がある

Midjourney/niji・journey

概要	知識がなくても簡単なテキストから高品質で幅広いスタイルの画像を生成できる。生成した画像を後から検索できる機能なども充実している。
費用	月額10〜120ドル
難易度	Discordというアプリを介して利用するため慣れが必要。プロンプトは英語で入力する必要があるが、niji・journeyのモデルは日本語の入力にも対応している。

NovelAI

概要	アニメ・マンガ風のスタイルに特化した高品質なオリジナルモデルを提供している。
費用	月額10〜25ドル、加えて別途生成クレジットの購入が必要になる場合もある。
難易度	最初から高品質な画像生成ができるような設定となっているため使いやすい。さらに基本機能も使いやすく、自分で好みの設定に変更することも可能。プロンプトは英語だが、日本語入力でも近い候補を提案してくれる。

Adobe Firefly

概要	Adobe独自のデータセットでのトレーニングしたモデルが利用できる。
費用	単体の場合は月額。他のAdobeソフトの利用プランでもクレジットが付与される。
難易度	スタイルやライティングなど設定できる項目が多いが、視覚的にわかりやすいUIになっている。プロンプトの日本語入力に対応している。

Column

ChatGPTからDALL-Eを使う

本書では詳しく取り扱いませんが、現在最も手軽に画像を生成できるのはChatGPTを介して利用できるDALL-Eシリーズと言えるでしょう。使い方は「生成したい画像の説明をChatGPTに伝えるだけ」です。ChatGPTというインターフェイスを利用できるため、専門的な知識がなくても自然言語で指示を出すことができ、修正もそのまま行うことができます。

section 4 Stable Diffusionを使おう

Stable Diffusionとは

　Stable Diffusionシリーズはオープンソースで公開されている画像生成AIモデルとそれを実行するプログラムです。モデルとプログラムの情報が公開されていることもあり、たくさんのユーザーが新しい機能の開発を行ったり、追加学習や調整を行ったモデルの公開を行っています。Stable Diffusionシリーズを利用するには大きく3つの方法があります。

自身のPCで利用する

　自身のPCにPythonの仮想環境を設定することで、コマンドラインによる操作もしくはWebブラウザを利用したUI（WebUI）を介して操作することができます。一般に個人で利用する場合はWebUIを使用することが多く、WebUIの種類も複数開発されています。

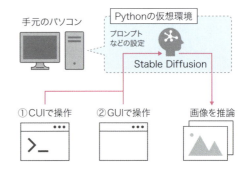

　自身のPCで完結させるメリットとしては、「制限なく画像生成を行うことができること」、「外部に情報を送信せずに利用できること」、「自分でプログラムを変更できること」などがあります。一方でこの環境を構築するには基本的なPC操作スキルに加えてプログラミング言語Pythonの知識が必要です。さらに画像の生成には高度な演算装置が必要となるため初期費用も必要となります。

　したがって何もない状態からとりあえず画像生成をやりたいというユーザーに対してはあまりお勧めできない方法と言えます。また、様々な機能を自由に利用できる反面、エラーコードの解読やバージョンの管理などを自分で継続的に対応することが求められます。一方で、「本格的に画像生成を極めていきたい」という方や「画像生成という技術そのものに興味がある」という方にとっては挑戦する価値があるかもしれません。

クラウド上で利用する

2つ目の方法は計算資源をクラウドコンピューティングによって準備する方法です。Stable Diffusionで利用するプログラムやモデルの多くはWeb上で公開されているため、それらを利用して画像生成が行える環境を設定します。こちらも使いこなすには基本的なPythonの知識が必須ですが、初期費用が少額で済むメリットがあります。

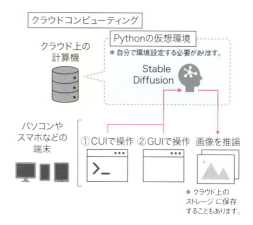

この方法では、サブスクリプション形式のサービスで計算資源をレンタルして使用することになります。インターネット通信さえあれば自身のPCのスペックに左右されず、スマートフォンやタブレットなどのインターネット接続端末のブラウザでも操作ができるのも良い点です。

Stable Diffusionが利用できる有名なクラウドサービスの例としてはGoogle ColaboratryやPaperspaceがあります。どちらも専用のサービスではなく、あくまで仮想環境でPythonを実行しGPUなどの高度な計算資源を利用できるサービスであるため、プログラミングを駆使して自分で環境を構築する必要があります。また、AWS（Amazon Web Service）の中にもStable Diffusionによる画像生成機能が含まれているサービスがあります。これらのサービスの中には公式がサポートしているプログラムが提供されているものもあるため、それを活用するのも良いでしょう。

🔗 **Fast Stable Diffusion**
https://console.paperspace.com/github/thelastben/pps?machine=Free-GPU&ref=blog.paperspace.com

また、画像を生成するだけでなくモデルへの追加学習を行うことを考えている場合は、高度な計算能力を利用できるクラウドを選択すると良いかもしれません。開発者として、クラウド環境利用の知識を深めていくことができます。

Webサービスを利用する

3つ目に紹介する方法はStable Diffusionを利用した画像生成を提供しているWebサービスを利用する方法です。現在国内外を問わず様々な画像生成サービスが提供されていますが、その多くのバックエンドでStable Diffusionのプログラムを応用していると見られます。

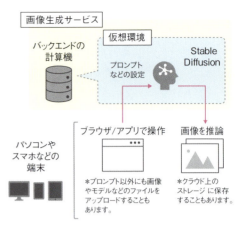

大きく2つの形に分かれており、使用できるモデルや機能が限定されているタイプのサービスと、自分で任意のモデルをアップロードしたりインターネット上に公開されているものを利用できる環境を提供するタイプのサービスがあります。特に後者のタイプのサービスは、自由度が高いことに加えて面倒な環境の構築と整備の負担がなくユーザーにとって非常にありがたいと言えます。

どのサービスも基本的には使用料金を払う必要がありますが、生成できる枚数を限定して無料で体験できるものも展開されています。また、サービスによっては一般に公開されているモデルだけでなく、オリジナルのモデルによる画像生成を提供したり、生成した画像を公開して共有する場を提供するなどの差別化の工夫がこなされています。本書で解説するNovelAIの他にもいくつか代表的なサービスを紹介します。

DreamStudio

特徴	Stability AIが提供するWebサービス。生成画像の大まかなスタイルを選択できる。
料金	従量課金制のため生成用クレジットの購入が必要。体験で25クレジット分利用できる。
使用モデル	SDXL v1.0もしくはStable Diffusion v1.6のみ

🔗 ConoHa AI Canvas
https://www.conoha.jp/ai/canvas

特徴	GMOインターネットグループが提供するWebサービス。国内データセンターにアクセスしてAUTOMATIC1111の環境が利用できる。ストレージも利用できるほか、自分でWebUIに拡張機能も追加できるなど自由度が高い。
料金	月額プラン料金＋WebUI利用料。生成数や演算量ではなくWebUIの利用時間に応じて利用料を支払う必要がある。
使用モデル	自分でモデルファイルのアップロードが可能。

🔗 Akuma
https://akuma.ai/home

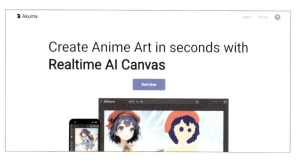

特徴	Kinkakuが提供するWebサービス。日本語プロンプトやリアルタイム生成に対応。
料金	サブスクリプションで付与されるクレジットを消費して利用。消費量は利用するサービスの計算コストに応じて変動。体験で画像生成に使える25クレジット分が付与される。
使用モデル	有料プランの場合、自分で好きなモデルをアップロードして利用できる。

🔗 Leonardo.AI
https://leonardo.ai/

特徴	Leonardo Interactiveが提供するWebサービス。画像から短い動画をつくる機能など画像生成以外の機能も展開している。説明が英語であることに注意。
料金	サブスクリプションで付与されるクレジットを消費して利用。消費量は利用するサービスの計算コストに応じて変動。無料プランでも約6回分のクレジットが毎日付与される。
使用モデル	目的に応じた複数のオリジナルモデルを提供。自分用のモデルも作成できる。

特徴	Tensor.Artが提供するWebサービス。ほぼローカル環境のStable Diffusionと同じ使い勝手で利用でき、Comfyワークフローも利用できる。
料金	サブスクリプションで毎日付与されるクレジットを消費して利用。消費量は利用するサービスの計算コストに応じて変動。無料プランでもクレジットが毎日付与される。
使用モデル	ユーザーがモデルを提供。

　このようにStable Diffusionシリーズを利用する手段は複数あるため、自身の状況に合わせて選択することをおすすめします。

Stable Diffusionのバージョンとは

　ここからは実際に自身で環境を構築してStable Diffusionシリーズを使用していく方法を解説します。まずStable Diffusionシリーズには、モデルの構造が異なる複数のバージョンが存在していることを理解しておく必要があります。現在使用されている代表的な基盤モデルとして以下があります。

バージョン名	表記	特徴
Stable Diffusion v1.5	SD1.5	512×512pixの画像で学習した初期のモデル。
Stable Diffusion XL	SDXL	1024×1024pixの画像で学習した高品質モデル。

　これらのバージョンは互換性がないために、利用する際に注意が必要です。本書におけるStable Diffusionの解説では、2024年8月現在主流となっているSDXLバージョンについて扱います。

Stable Diffusion WebUIとは

　続いて、自身で環境を構築してStable Diffusionを利用する上で気を付けておきたい点として、WebUIでの実装が複数あることが挙げられます。有名なものとして、最もよく使われているAUTOMATIC1111、そこから派生し最新の研究結果の実装をテストしているForge、今後積極的に開発が進められることがアナウンスされたノードタイプのComfyUIなどがあります。

🔗 **AUTOMATIC1111/stable-diffusion-webui**
https://github.com/AUTOMATIC1111/stable-diffusion-webui

🔗 **lllyasviel/stable-diffusion-webui-forge**
https://github.com/lllyasviel/stable-diffusion-webui-forge

🔗 **comfyanonymous/ComfyUI**
https://github.com/comfyanonymous/ComfyUI

　それぞれ共通する原理で画像を生成するため、基本的な知識は共有することができますが、プログラムの実装には違いがあるため注意が必要です。基本的には上記のGitHubから情報を得ることをおすすめします。また、これら複数のWebUIは、Stability Matrixというソフトウェアを利用することで、プログラムの知識がなくても環境構築を行って画像生成を行うことができます。

🔗 **LykosAI/StabilityMatrix**
https://github.com/LykosAI/StabilityMatrix

　ここまでの解説でわかる通り、Stable Diffusionを利用するにおいては演算環境・バージョン・利用するプログラムなど様々な条件があるため、情報の交錯が非常に起きやすくなっています。したがって本書の解説は以下の条件を想定して記載します。

利用環境	自身のPCでStability Matrixを利用する
PC	OS：Windows11 (Pro/home) /CPU: メモリ16GB以上/GPU: Nvidia製のメモリ4GB以上
WebUI	Stable Diffusion WebUI AUTOMATIC1111 (v1.10.0)
モデル	SDXLシリーズ

　Stability Matrixのインストールおよび初期設定は以下のサポートページで定期的に最新情報へと更新していきます。基本的にアプリケーションの指示に従うことで簡単に利用することができますが、操作が難しいと感じた場合は確認してください。

🔗 **サポートページ**
https://www.sbcr.jp/support/4815617864/

Stable Diffusion WebUI AUTOMATIC1111のUIを確認する

Stable Diffusion WebUIを起動すると以下のような画面が開きます。それぞれのパラメーターについて詳しくは順番に解説をしていきますが、概要を確認しておきましょう。

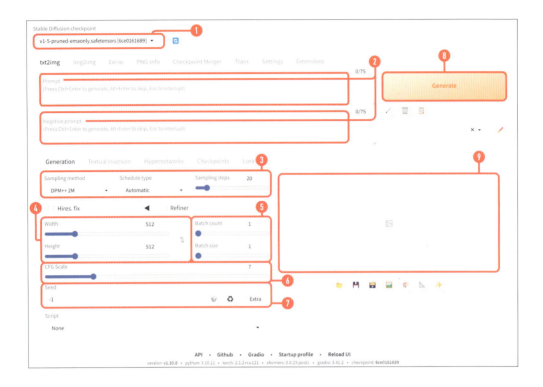

❶ モデル

生成に使用するモデルファイルを選択します。

	再度モデルデータを読み込みます。保存したはずのモデルデータが表示されないときなどに利用します。

❷ プロンプト / ネガティブプロンプト

生成したい / したくない要素をテキストで指定します。

❸ サンプリング

推論のアルゴリズム / 回数などを指定します。

❹ 画像サイズ

生成する画像のサイズをpixel単位で指定します。

❺ バッチ設定

まとめて生成する場合の処理を設定します。

⑥ CFG スケール

プロンプトが与える影響の強さを設定します。

⑦ Seed

推論の開始点となるランダムデータに関する設定を指定します。

🎲	Seed の固定を解除し、ランダム (-1) を設定します。
♻	直前に生成された画像の Seed 値を固定します。
Extra	Seed を固定した際に同一シードで少しだけ異なった画像を生成したいときに使用します。仕組みとしてはランダムノイズに別のランダムノイズを付与することで差を作り出しています。

⑧ Generate

画像生成を開始するボタンです。右クリックでメニューが選択できるようになりなります。

Generate forever	生成指示を延々と繰り返します。
Cancel Generate forever	[Generate forever] 状態を解除します。

また生成中は以下が選択できるようになりなります。

Interrupt	現在生成している画像が完成したら、生成を停止します。
Skip	現在のバッチの生成を停止し、次のバッチの生成を行います。

⑨ 生成ビュアー

生成途中の様子や生成結果を確認することができます。複数枚をまとめて生成した場合はグリッド画像として表示されます。アイコンのボタンからは以下の機能を利用することができます。

📁	現在の画像が保存されているフォルダを開きます。
💾	現在の画像に名前を付けて保存します。
💾	現在の画像と同一 Batch の画像をまとめて ZIP に圧縮して保存します。
🖼	現在の画像を img2img タブで開きます。
🎨	現在の画像を img2img インペイントタブで開きます。
📐	現在の画像を Extra タブで開きます。
✨	現在の画像を HiRes fix オプションで開きます。

テキストから画像を生成する

もっとも基本的な画像生成の方法はテキストからの画像生成です。これはtxt2img (text to image) と呼ばれています。ここで解説する内容はStable DiffusionのWebサービスやこの後解説するその他のサービスでも役に立つ、画像生成をコントロールする上で共通する基本的な内容になります。

❶ モデルを設定する

画像生成に使用したい事前学習したモデルを選択します。初期から設定されているのはSD1.5の基盤モデルを軽量化したものです。ここでは新たにインターネット上からモデルをダウンロードして利用する方法を解説します。モデルは [.safetensor] という拡張子でSDXLバージョンの基盤モデルは以下からダウンロードすることができます。

🔗 stabilityai/stable-diffusion-xl-base-1.0
https://huggingface.co/stabilityai/stable-diffusion-xl-base-1.0

その他の追加学習済みモデルを利用したい場合は、Hugging faceやCivitAIなどで公開されているモデルデータをダウンロードして使用しましょう。この際に使用する上で守らなくてはいけない条件（ライセンス）と奨励される設定の情報をよく確認しておきましょう。

🔗 Hugging face/Models text-to-Image
https://huggingface.co/models?pipeline_tag=text-to-image

🔗 CivitAI/Models
https://civitai.com/models

ダウンロードしたファイルは、[StabilityMatrix ＞ Data ＞ Models ＞ StableDiffusion] に保存します。[Put Stable Diffusion checpoints here.txt] ファイルを目印にするとよいでしょう。新しいファイルを入れた場合は、一度WebUIのプログラムを停止させ、再度立ち上げると読み込みが行われ選択できるようになります。モデル❶のプルダウンメニューから使いたいモデルを選択します。

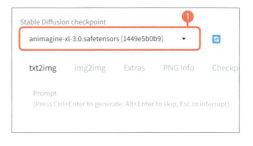

Stable Diffusionシリーズの画像生成ではこのモデルの影響が非常に大きいため、「どのモデルを利用するか」については事前に十分検討する必要があります。また、意図せず他者の権利を侵害することを防ぐには「どのような追加学習が行われているか」や、「ライセンスで禁止している利用方法に該当しないか」についてもしっかり確認することが重要です。

❷ プロンプトを入力する

　画像生成AIに作らせたい画像の特徴の指示をプロンプト（Prompt）と呼びます。また、反対に作らせたくない画像の特徴の指示はネガティブプロンプト（Negative Prompt）と呼びます。これらはともに英語を使って記述します。プロンプト記述には以下のような独特の形式があります。

カンマで区切る	プロンプトの単語や文節の区切りは [,] と半角スペースで区切ります。
トークン数とBREAK	プロンプトはより小さな区切りのトークンに分解されて処理されます。この時の処理の区切りは75トークンずつになっています。より先頭に近いトークンほど同時に処理される他のトークンに対して影響を与えます。また、大文字で [BREAK] を入力するとその時点で同一処理される残りのトークン数を埋め尽くし、その直後のトークンを次の処理の先頭にすることができます。
強める / 弱める	特定のプロンプトを強めたいときはその部分を () で囲います。一方で弱めたいときは [] で囲います。それぞれ1つの囲みごとに影響力が通常の1.1倍、0.9倍になり、重複させることもできます。また、(X:1.2) のような指定もできます。

　また、特定のプロンプトやネガティブプロンプトの使用が推奨されるモデルもあります。このような情報はモデルが公開されているWebページに記載されているためしっかり確認しておくことが重要です。

❸ サンプリング設定

　画像生成はランダムなデータから徐々にノイズを推論して取り除いていきます。このノイズを推論するためのアルゴリズムにはサンプリングメソッドとスケジューラーという2つの要素があり、それぞれ選択することができます。また、合わせてサンプリングの回数も指定する必要があり、これはステップ数と呼ばれます。サンプラーとスケジューラーの種類によって取り除くノイズが変わるため、生成結果も違いが生じます。

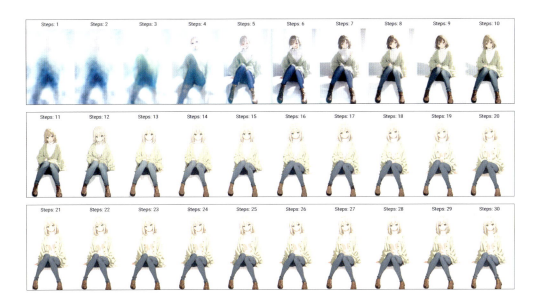

また、一定のサンプリング回数に達すると生成される画像の様子は収束して変化が小さくなっていきます。これらの組みあわせはユーザーによって自由に設定できるため非常に多くの選択肢があります。モデルによっては奨励される設定が公開されている場合もあるため、確認した上で実際に生成結果を確かめながら設定を決めると良いでしょう。

> **Column**
>
> ### Hires. fix / Refiner とは
>
> Hires. fix と Refiner はどちらもより高品質な画像を生成するためのオプションです。Hires. fix は指定した倍率に解像度を上げつつ、生成した画像情報をもとにさらに描写が細かくなるようにアップスケーラーによる推論を行って出力を行います。一方の Refiner は推論の途中でモデルを切り替えて生成を行います。これにより全体の概要を生成するモデルと最終的な描画を行うモデルの使い分けを行うことができます。

❹ 画像サイズ

生成する画像のサイズを指定します。SDXL シリーズのモデルでは 1024 × 1024 pix の設定が奨励されています。アスペクト比を変えることで生成される画像の構図などに影響を与えることもできます。また、使用する GPU のメモリ容量によって生成できる画像サイズには制限があるため注意が必要です。一般に画像のサイズが大きくなると生成にかかる時間が長くなります。

❺ バッチ設定

1回の生成指示でまとめて処理を行う場合（バッチ処理）の設定です。生成の試行回数（Batch count）と並列処理数（Batch size）をそれぞれ設定することができます。なお、並列処理は使用する GPU のメモリ容量によって制限があり、処理スピードも並列処理の数に比例して遅くなるため設定には注意が必要です。

❻ CFG Scale

プロンプトとネガティブプロンプトをどの程度生成結果に反映させるかの強度を設定することができます。基準値を 7.0 とし、よりプロンプトに忠実にしたいときは数字を上げて、ランダムな要素を高めたい場合は数字を下げます。1度生成した結果を確認してから全体的なプロンプトの影響を見て調整することをおすすめします。

❼ Seed

推論を開始となるランダムノイズのデータを数字で指定します。通常はランダムな値を意味する -1 を指定します。Seed が異なると推論の始点となるノイズデータが変わるので、プロンプトをはじめとする他の設定が一緒でも異なる結果となります。逆に Seed を固定すると、他の設定を変えても構図などが似た画像が生成されることがあります。

最後に [Generate] ⑧ を押して画像生成をスタートしましょう。Stable Diffusion は自分の生成したい画像に合わせてより細かく設定することができるので、まずは生成しながらコツをつかんでいきましょう。

— **Prompt**
masterpiece, best quality, 1girl, anime screencap, smiling, sitting, looking at viewer, full body, light green cardigan, white turtleneck inner, jeans, (white background:1.2), simple background, oldest,

— **Negative prompt**
nsfw, lowres, bad anatomy, bad hands, text, error, missing fingers, extra digit, fewer digits, cropped, worst quality, low quality, normal quality, jpeg artifacts, signature, watermark, username, blurry, artist name,

— **Parameters**
Steps: 28, Sampler: Euler a, Schedule type: Automatic, CFG scale: 7, Seed: 1954388983, Size: 1024x1536,

　一方でこれが正解というような最適な設定はありません。その理由としてはモデルの追加学習の方法が様々であったり、ユーザーが画像生成AIに求める要素が異なることに起因します。そのため、どの要素が何に関わってくるのかを1つずつ理解することが重要です。

画像をもとに新たな画像を生成する

　画像を入力し、画像を生成することをimg2img (image to image) と呼びます。Stable Diffusionのimg2imgは入力画像のピクセルの情報を利用するため、画像生成に強い影響を与えることができます。また、入力画像に描き足して生成 (Sketch) や範囲を指定して生成 (Inpaint) する機能が使えるため、画像の修正や加工にも利用することができます。

　ここでは [Sketch] と [Inpaint] の使い方を順に解説します。まずは [img2img] タブをクリックして画面を切り替え、続いて [Sketch] をクリックして専用のUI画面を開きます。[Sketch] は入力画像に簡単なペイント機能を利用して描き加えた画像から新しい画像を生成します。

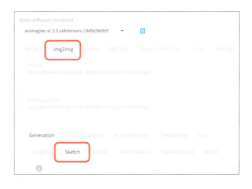

❶ 画像の入力

画面をクリックしてダイアログから選択、もしくは画像をドラッグ＆ドロップでアップロードすると、ブラシ / パレット / 消しゴムなどのツールが利用できるようになるので画像に描き足しを行います。

↺	直前の操作を取り消し、1つ前の操作に戻ります。
◇	全ての加筆を消去します。一般的な [消しゴム] 機能とは異なるため注意が必要です。
×	現在の入力画像を消去します。
✎	ブラシの太さを調整します。
◎	現在のブラシの色を表示します。表示された色をクリックするとカラーパレットが展開するので色を切り替える際に利用します。

▲ Windowsに標準的に備わっているペイント機能や他の画像編集ソフトを利用した方が快適と感じるかもしれません。その場合は [Img2img] や後述の [Inpaint] のタブを利用してください。

❷ リサイズ設定

　img2imgでは生成する画像の大きさを変更することができます。まずは生成後のサイズについて、入力画像から比率を変えない場合は [Resize by]、縦横の長さを細かく指定したい場合は [Resize to] のタブで指定します。この時、入力画像と生成画像のアスペクト比が異なる場合は補正が必要なので、その方法を [Resize mode] で指定します。入力画像の構図を保ちたいときは [Resize by] で倍率を指定するのが有効です。

Just resize	入力画像を引き伸ばししてサイズを合わせます。
Crop and resize	短辺を基準に、はみ出た部分を切り取り取ります。
Resize and fill	不足部分を画像の最も端のピクセルをコピーして補完します。
Just resize (latent upscale)	入力画像にアップスケーラーを使って引き伸ばします。

❸ Denoising strength

　入力画像はノイズを与えてからサンプリングし、推論の初期データとして利用するため、ここではどの程度元のデータに近いままで利用するかを指定できます。値が0の時はノイズを追加せずに利用し、1の時は完全にノイズに置き換える設定になります。元の状態を維持したい場合は0.3-0.5程度、大きく変化させたい場合は0.7以上を目安に設定すると良いでしょう。

　これらの追加設定が完了したら、[Generate] ボタンをクリックして画像を生成してみましょう。この機能を利用することで、テキストプロンプトだけでなく手書きのラフや、写真などを利用して新しい画像を生成することができます。

入力画面　　　　　　　　　　　　出力画面

続いて[Inpaint]について解説していきます。ここではアップロードした画像に対して加筆ではなく、画像処理に使うマスク範囲をペイントツールで設定します。UIには新たにマスクに関する設定が追加されます。

事前に以下の4つのマスク設定を決めておき、どのような処理を行わせるか指示します。この設定によって大きく機能が変わるため注意しましょう。

Mask blur		元の画像とスムーズに接続するために、マスク範囲の外周を基準としてその内外の生成による変化が少なくなる範囲を指定します。
Mask mode	Inpaint masked	マスクを作成した範囲を生成します。
	Inpaint not masked	マスク範囲外を生成します。
Masked content	fill	マスク範囲を範囲外の複製をぼかした色で補填し生成します。
	original	マスク範囲をそのまま利用して生成します。
	latent noise	マスク範囲にランダムなノイズを補填して生成します。
	latent nothing	マスク範囲に空（から）に相当するノイズを補填して生成します。
Inpaint area	Whole picture	画像全体を参照範囲とします。
	Only masked	マスク範囲のみを参照範囲とします。全体の影響を受けにくくなるため、小さな範囲の生成にはこちらを設定します。さらにこちらを利用する場合は[Only masked padding, pixels]オプションで参照範囲として追加する範囲を指定します。

例えばP.025やP.027で生成した画像からカーディガンのボタンのみを消したい場合を考えます。この場合はボタン部分のみをマスクしたら、周りの色を利用したいので[Inpaint masked/fill/Only masked]を選択して生成します。このように変化させたい目的に合わせて機能や設定を使い分けましょう。img2imgの使いこなしのコツは与えるノイズを増やすと変化が大きくなるという関係性を理解することです。

画像から特定の情報を抽出して新たな画像を生成する

img2imgは入力画像のpixel情報を利用しましたが、入力画像から特定の情報だけを抽出して画像生成に利用することがControlNetと呼ばれる拡張機能で可能になります。例えば画像の色だけを置き換えたり、人間の姿勢だけを反映させた画像を生成するという使い方があります。

これはプリプロセッサモデルというニューラルネットワークを利用して画像から特定の情報のみを抽出し、プロンプト同様に推論時に生成の方向性を指示することに使う仕組みになっています。

> **Column** Stable Diffusionの拡張機能とは
>
> Stable Diffusion WebUI AUTOMATIC1111はオープンソースライセンスとしてコードが公開されているため、多くのユーザーが追加機能を簡単に導入できるように作成したコードを公開しています。本書ではP.208でメイキングを解説するメンバーがおすすめする拡張機能を紹介しています。また、拡張機能およびControlNetを導入・利用するための操作はサポートページを参照してください。
>
> 🔗 サポートページ
> https://www.sbcr.jp/support/4815617864/

ControlNetはUI画面上の［ControlNet（バージョン名）］のタブを展開して利用します。まずは利用するユニット❶のタブをクリックして切り替えます。UIの構造を見てわかるように、ControlNetは複数同時に利用することができます。複数の種類の画像でそれぞれ違った情報を抽出して利用することができるのもポイントです。

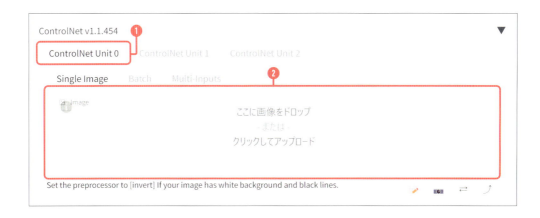

ここでは基本的な使い方を解説するため、［Single Image］❷に生成画像の指示に利用したい情報を持った画像をアップロードします。例として、画像から色を置き換えて利用する方法を解説するために必要な画像をアップロードするとします。

続いて、ControlNetには以下のような設定があるため順番に指定していきます。一方で使用する機能に応じて個別の設定値を利用する場合もあります。その場合はそれぞれのプリプロセッサの開発者のGitHubを検索して説明を読んでから利用するようにしましょう。

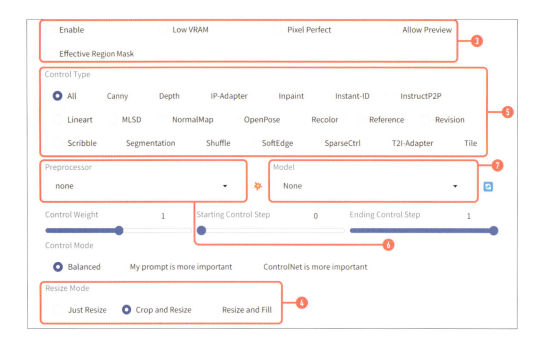

まずはオプション❸と[Resize Mode]❹の設定を行っていきます。オプションは全てオンでも問題ありません。[Resize Mode]の選択肢の内容はimg2imgの設定と同じですが、より正確に情報抽出を行うには事前に入力画像のアスペクト比を生成画像と揃えておきます。

Enable	このユニットの機能をオン/オフします。一時的にチェックを外してこのユニットが画像生成に与える影響を確かめるのに便利です。
Low VRAM	使用しているグラフィックボードのVRAMが少ないときに、生成速度を落とすことで利用を可能にするオプションです。8GB以下の際には利用しましょう。
Pixel Perfect	入力画像の解像度に自動で合わせて情報の抽出を行う設定です。基本的に画像全体を利用するため、忘れずにオンにしましょう。
Allow Preview	プリプロセッサモデルによって抽出した情報の様子を確認できるようになります。
Effective Region Mask	入力画像にマスクをかけて使用するためのオプションです。マスクは事前に別途準備してアップロードする必要があります。

続いて[Control Type]❺で利用する機能を選んでから、[プリプロセッサ]❻とその[モデル]❼を指定します。今回は色の置き換えができる[Recolor]を利用します。選択できるプリプロセッサやモデルが複数あるのはそれぞれ別のアルゴリズムと事前学習が行われたモデルがあるためです。この時💥をクリックするとプリプロセッサモデルによって画像の情報抽出が行われ、その様子を確認することができます。まずはこの状態で画像を生成してみましょう。

入力画像	Recolor前処理	出力画像

　画像が上手く生成できない場合や、より面白い表現を探るには以下の詳細設定を変えて試してみましょう。ここではControlNetが与える影響の大きさを細かく設定することができます。例えば、[Control Step]で構図などの大きな影響を与えたい要素を早いステップで制御しておき、途中からプロンプトのみの制御に切り替えて細かい部分を仕上げていくような使い方が考えられます。サンプリングのところで解説したように生成されている画像が徐々に収束していく性質を利用した方法です。

Control Weight	このユニットが画像生成に与える影響の大きさを指定します。基準は1で、今より影響を抑えたいときは数値を下げ、強めたいときは数値を上げます。	
Control Step	Starting	総ステップ数のうち、どのステップからこのユニットによる指示を行うかを設定します。0は最初から対象となります。
	Ending	総ステップ数のうち、どのステップでこのユニットによる指示を終わらせるかを設定します。設定する数値は少数で表され1を選択すると最後のステップまで対象となります。
Control Mode	Balanced	このユニットとプロンプトの影響の比を選択します。基本的には[Balanced]を選択しておき、様子を見ながら切り替えます。
	My prompt…	
	ControlNet…	

追加学習ファイル（LoRA）を利用する

最後に追加学習した情報を利用して画像生成を行う方法を解説します。追加学習にはsection2で解説したようなモデルそのもののパラメーターを変える方法の他に、追加で小規模の学習済みニューラルネットワークを組み込む方法があります。後者の方法をLoRA（Low-Rank Adaptation）とよび、現在の画像生成AIではこの技術およびその発展型がよく使用されます。

LoRAを利用するには自分で作成するか、インターネット上で公開されているLoRAモデルファイルをダウンロードして［StabilityMatrix ＞ Data ＞ Models ＞ LoRA］に保存します。WebUIを起動し［Lora］タブを開いて使用したいLoRAをクリックすることで利用できます。例えば画像の線を太くできるLoRAファイルを利用してみましょう。以下のURLからsafetensorsファイルをダウンロードして配置します。

2vXpSwA7/iroiro-lo rasdxl-boldline.safetensors
https://huggingface.co/2vXpSwA7/iroiro-lora/blob/main/sdxl/sdxl-boldline.safetensors

使用するLoRAは［LoRA］タブからクリックして選択します。適用中のLoRAはプロンプト欄に表示されます。プロンプトと同じように強さを倍数指定できるので生成結果を見ながら強さを調整しましょう。この時、マイナスの数値を指定すると反対の効果を発揮させることができます。さらに、LoRAは同時に複数使用することができるので組み合わせることで、様々な特徴を再現した画像を生成することもできます。

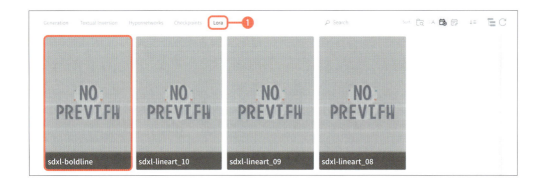

| LoRA：-1 | LoRAなし | LoRA：1 |

　本書ではLoRAの具体的な作成方法については解説しませんが、Stable Diffusionを利用する大きな魅力として、LoRAファイルを利用することで小規模なデータセットからでも自分の目的に合わせた画像を生成できるように調整できることが挙げられます。例えば、自分がこれまで描いてきたカラーラフを学習画像としてLoRAファイルを作成し、それを適用することでStable Diffusionで下書き用の画像を生成させるような使い方が可能です。

　ここまで紹介した自分で環境を構築してStable Diffusionを利用するスタイルは多くの機能が利用でき、引き続きユーザーが中心となって多様な方向へ開発が進んでいくことが予想されます。一方で使われている技術の全体像やパラメーターの効果を正しく把握しないと、なかなか思うような画像を生成できないのも事実です。有料サービスにはなりますが、まずは簡単に利用できるDreamStudioなどのサービスを利用することからはじめてみることをおすすめします。また、解説してきた機能やサンプリングやデノイズという考え方はこの後に紹介する他のサービスにも通じる知識ですので、ぜひ頭の片隅に置いて読み進めてみて下さい。

section 5　Midjourney/niji・journeyを使おう

Midjourney/niji・journeyとは

　Midjourneyは、テキストプロンプトから画像を生成するサブスクリプション形式のAIサービスの1つです。ユーザーはDiscord内でMidjourneyボットと対話することで画像を生成します。Discordコミュニティではフィードバックやサポートを受けたり、最新のアップデート情報を確認することができます。また、niji・journeyはMidjourneyとSpellbrushが共同で開発した、アニメやマンガスタイルのイラスト生成に特化したサービスで、日本語のプロンプトにも対応しています。こちらもDiscord内でMidjourneyと同じように画像を生成することができます。

🔗 Midjourney　Showcase
https://www.midjourney.com/showcase

🔗 niji・journey　Showcase
https://nijijourney.com/ja/showcase

　Midjourneyとniji・journeyの特徴としては自分以外の人が生成した画像を見ることができ、そのプロンプトや設定も確認することができます。また、様々な独自機能が実装されており、同一の作風やキャラクターを維持したまま新しい画像を作成することもできます。

現在、より使いやすくなったWeb版のアルファ版が公開されており、一定枚数以上（執筆時は100枚）画像を生成すると利用することができるようになります。また、niji・journeyはモバイルアプリ版もリリースされているためDiscordの利用に慣れていない場合はそちらを利用するのも良いでしょう。本書では最も基本的なDiscordデスクトップアプリ版での利用を解説していきます。アカウントを作成してサブスクリプションを登録すればどちらのサービスも様々な端末からアクセスして利用することができるので、自分が使いやすい環境で使うことをおすすめします。

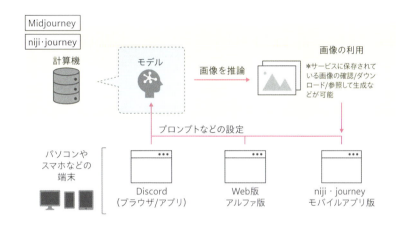

Column : Discordとは

　Discordは無料で利用できるオンラインプラットフォームで、ゲーマーやストリーマーを中心とした文化圏に人気のコミュニティ作成ツールです。ブラウザ、PCアプリ、モバイルとあらゆるプラットフォームにおいて無料で利用することができます。Discordでは音声、ビデオ、テキストによるコミュニケーションが可能で、世界中の様々なコンテンツやファンコミュニティに参加したり、友人を集めて専用のコミュニティを作成することもできます。

🔗 **Discord　ダウンロード**
https://discord.com/download

🔗 **Discord　モバイル入門**
https://support.discord.com/hc/ja/articles/360046618751

Midjourneyに登録する

事前にDiscordのアカウント作成を済ませておきます。ブラウザでMidjourneyのWebサイトを開きます。画面右下の[Sign Up]❶をクリックします。

はじめて利用する場合はアカウントを作成します。[Continue with Discord]❷をクリックします。Discordに招待が届くので、[Midjourneyに参加する]❸をクリックします。

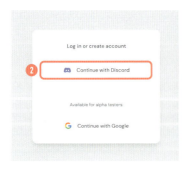

Midjourneyのサーバーへ参加すると、[#getting-started]のチャンネルが開きます。ここでは基本の使い方の解説を確認することができます。一旦、アカウント作成を進めるために、Midjourney Botからのダイレクトメッセージ❹をクリックして開きます。

　ダイレクトメッセージを通して画像生成について説明を受けることができます。まずはURLをクリックして利用規約の確認を行い、問題がなければ[Accept TOS]❺をクリックします。

▲ 利用規約はトラブルを避けるためにも必ず確認しましょう。

続いて、画像生成の説明を受ける場合は[Start Tutorial] ❻、受けない場合は[Skip]をクリックします。

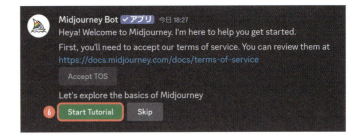

説明が完了したら[Subscribe] ❼をクリックするとWebブラウザでサブスクリプション登録の画面が開きます。

　使用する用途や条件、支払い形式に合わせてプランを選択します。プランが決まったら[Subscribe]をクリックし、支払い情報を入力してアカウントを有効化します。大きな違いとしてはスタンダードプラン以上で枚数制限なしで低速度での生成（リラックスモード）が可能となり、プロプラン以上で生成画像が他のユーザーに表示されなくなるステルスモードが使用可能になります。

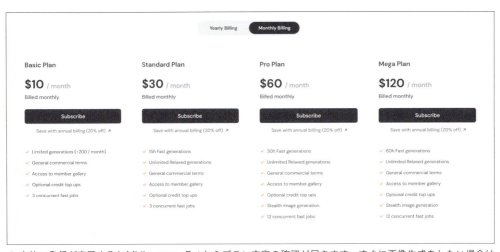

▲ 支払い登録が完了するとMidjourney Botからプラン内容の確認が届きます。すぐに画像生成をしたい場合はP.040に進んでください。

niji・journeyに登録する

続いてniji・journeyにも登録をしていきます。ブラウザでniji・journeyのWebサイトを開きます。画面左下の[サインイン]❶をクリックします。

🔗 にじジャーニー - niji・journey
https://nijijourney.com/ja/

はじめて利用する場合はアカウントを作成します。[Discordで続行]❷をクリックします。Discordに招待が届くので、[niji・journeyに参加する]❸をクリックします。

Column　アカウント作成後に支払い登録を変更する

Midjourney/ niji・journeyともにBotのコマンド機能[/subscribe]を使うことで、[Manage Acccount]を開くリンクを表示させることができます。ここからは、プランの確認や変更、キャンセル、再登録、支払い登録の変更ができるほか、インボイス制度対応の請求/領収書のダウンロードもできます。

続いて使用する言語とコミュニティイベントの通知の有無の設定を行うことで、niji・journeyサーバーへ参加することができます。

✦ Midjourney/niji・journeyで画像生成の設定を行う

Midjourney/niji・journeyのサーバーに参加し、アカウントのサブスクリプションを有効化したら画像の生成が可能になります。ここからの操作は共通のため、日本語と英語の両方をプロンプトとして利用できるniji・journeyを例にして基本的な画像生成の方法を解説していきます。どちらも同じ方法で利用できるため、自分の使用したいモデルを使える方を選んでください。

画像生成はボットにコマンドを送信することで開始することができます。Discordの [画像生成] チャンネルもしくはボットとのダイレクトメールを開き、メッセージからコマンドを送信します。まずは現在の設定を確認するために [/setting] と入力して送信します。

▲ 画像をアップロードして利用する場合もあるので基本的にダイレクトメッセージを利用することをおすすめします。

[/setting] が開いたら、ここでは基本設定を変更することができます。ここでの設定は画像生成に大きな影響を与え、変更しない限り引き継がれるため、自分の目的に合わせて設定をしておきましょう。まずは現在の設定で画像を生成してみて、様子を見ながら調整することをおすすめします。

▲ Midjourneyには[Personalization]という機能も表示されます。これについてはP.049で解説します。

❶モデル

画像生成に使うモデルを選択します。一般にバージョンが新しいものが性能や機能が充実していますが、プロンプトの効果などが変わってくるため自分が使いやすいものを選択します。

❷RAW Modeの切り替え

Midjourney/niji・journeyは入力した情報以外にも自動で高品質な画像になる処理が行われています。RAW Modeをオンにするとこの処理が抑えられるため、よりユーザーの入力した情報による細かい制御ができるようになります。

❸Stylize設定

より芸術的な画像になるような補正の強さを設定します。[low]は補正が最も低く、ユーザーのプロンプトが強く反映されます。一方で[very high]は補正が強くかかり芸術的な画像になりますが、プロンプトの反映が弱くなります。

❹Public/Stealthの切り替え

デフォルトの[Public]と、他人から画像を見られなくできる[Stealth]を切り替えます。プロプラン以上のみ利用することができます。

❺Remix modeの切り替え

バリエーション機能（Vary）を利用する際にプロンプトの編集を行う/行わないの設定を切り替える設定です。オンの場合は機能を使う際にプロンプトを編集するためのポップアップが表示されるようになります。

❻Variation

バリエーション機能（Vary）を利用する際の変化の度合いを設定します。[High Variation]は元の画像と比べて変化が大きく、[Low Variation]は変化が小さくなります。

❼生成モード

画像生成の速さを設定します。[Turbo]と[Fast]は生成スピードが速く[fast hours]を消費します。[Relax]は[fast hours]を消費しないため生成スピードは遅いですが、スタンダードプラン以上であれば枚数の制限なく使えます。

❽設定の初期化

もっとも最新のモデルの初期設定に戻します。

> **Column** 自分専用サーバーを作って画像生成を行う
>
> Discordで自分のサーバーを作り、そこにボットを招待して使用することができます。サーバーに招待すると、例えばチャンネルごとに生成する内容を分けたり、ピン止めなどの機能も使えるようになるため生成した画像の管理が楽になります。ボットのチャンネルへの招待は、それぞれのコミュニティ画面右のユーザー欄からボットのアイコンをクリックして詳細を開き、[アプリを追加]→[サーバーに追加]で招待したいサーバーを選択します。

Midjourney/niji・journeyで画像を生成する

コマンド[/imagine]の後にスペースを入力すると、[prompt]❶の入力欄が表示されます。その中に生成したい画像を指示するプロンプトを入力してメッセージを送信します。

▲ プロンプトは日本語と英語を混ぜても使うことができます。

画像が生成されると4枚が集まったグリッド画像として出力されます。この時、画像は配置によって1から4の番号が割り振られています。画像をクリックすると拡大して確認ができるので、気に入った1枚を選び、バリエーション機能を使ってみましょう。任意の番号の[V○]❷をクリックします。同じ条件でもう一度生成したい場合は 🔄 [再生成]をクリックします。

バリエーション機能は選択した画像をもとに異なる画像を生成する機能です。今度は生成したバリエーションの中から1枚選び、アップスケールを行います。任意の番号の[U○]❸をクリックします。

Midjourney/niji・journey の基本機能を使う

アップスケールを行うと、より画像を作り込んでいくための以下の基本的な機能を選択することができるようになります。

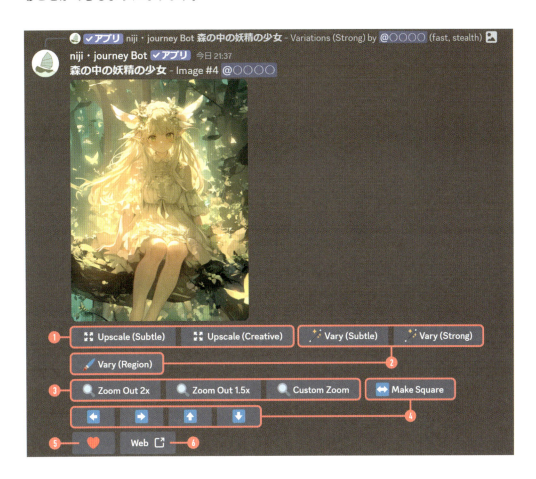

❶ Upscale

img2imgのように生成によって画像の解像度を上げながらディテールを仕上げる機能です。[Subtle]は拡大元の画像により忠実に、[Creative]は拡大元の画像をもとにAIによる補正を働かせながら生成します。

❷ 🖌️Variation

　画像をもとに［Subtle］は変化が小さめなバリエーション、［Strong］は変化が大きめなバリエーションを生成します。加えて、🖌️［Region］ではマスク範囲を選択してその部分だけを再生成することができます。細かな修正などに利用することができ、プロンプトも変更することができます。

⬚	四角形のマスクを作成します。クリックした点からドラッグして離した点を対角とする四角形の範囲がマスク領域となります。
💬	投げ縄ツールのようにマウスカーソルをドラッグして任意の範囲を作成してマスクとします。明確な修正後がイメージできている場合はこちらを利用した方が便利です。
↩	直前に作成したマスクを取り消します。
➡	クリックして生成を開始します。

　マスク作成のコツは、大幅な修正が必要な場合は、修正後のイメージを考えて変化を加えたい部分を大きめに囲うことです。逆に修正したい部分が軽微な場合はピンポイントで囲いましょう。さらにプロンプトは変化させたい部分のみの記述にとどめて、1か所ずつ行っていくと結果的に早く修正が終わることが多いです。

❸ 🖼 Zoom Out

　画像を中心に外側４方向に範囲を拡大して画像を生成します。［2x］、［1.5x］はそれぞれ元サイズの２倍、1.5倍比に広がり、［Custom］はパラメーター（--ar と --zoom）を自分で調整することができます。

❹ ⬅➡⬅➡⬆⬇ Pan

　⬌［Make Square］は現在の長辺の長さに合わせて正方形になるように、その他は矢印の方向に画像を広げて生成します。

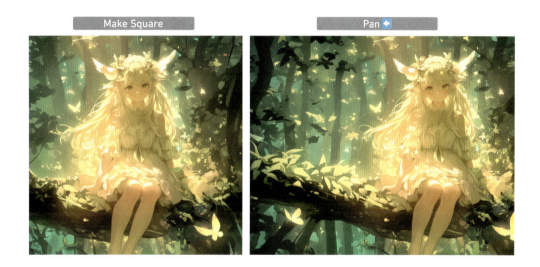

❺ 🖤 お気に入り

　画像をお気に入りに設定します。Web版のギャラリーで検索する際の目印になります。

❻ 🖼 Webを開く

　Web版のギャラリーを開きます。プロンプトやパラメーターの確認、画像のダウンロードなどができます。

　このようにMidjourney/niji・journeyはユーザーに対して独自のモデルと補正を提供することで、簡単なプロンプトと基本的な機能だけでも高品質な画像を生成することができます。手元のデバイスへ保存する場合は右クリックメニューから「画像を保存」を選択します。

Midjourney/niji・journeyでプロンプトを構築する

ここからはより高品質な画像を生成するためのプロンプトについて解説していきます。Midjourney/niji・journeyは以下のルールに従ってプロンプトを組むことができます。

▲ Midjourney Documentation (https://docs.midjourney.com) より引用。

❶ Image Prompts

画像を解析し、プロンプトとして利用する方法です。画像はURLで指定し、半角スペースで区切って複数利用することができます。生成した画像を利用したり、手持ちの画像の場合は一度Discordのチャットなどに画像をアップロードすることで利用できます。

❷ Text Prompt

一般にプロンプトと呼ばれるテキストによる指示です。先頭ほど影響が強くなる傾向がありますが、特定の言葉が強く働くこともしばしばみられます。「,」と半角スペースで区切ることもできます。

❸ Parameters

特別な機能を利用する際に利用します。P.047で解説します。

このルールに従って画像を生成していきましょう。例えば以下のような画像2枚をイメージプロンプトとして入力し、さらにアスペクト比を操作するパラメーター（--ar）を利用して16:9の画像を生成します。

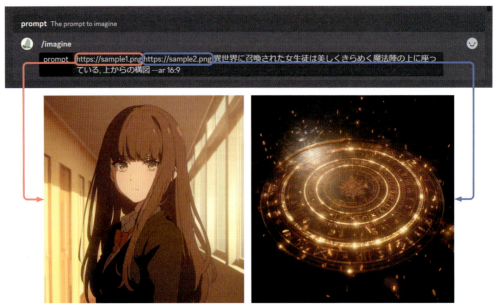

▲ Discord上の画像のURLは右クリックメニューから「リンクのコピー」を選択して取得できます。

イメージプロンプトを利用すると、画像のタッチや要素などを細かく指定しなくても生成画像に取り入れることができます。

▶ より正確に人物の特徴を反映させるには、P.048で解説するキャラクターリファレンスを使います。

Midjourney/niji・journeyのパラメーターを活用する

様々な機能を利用するにはパラメーターを使って指示をします。ここではいくつかの代表的なパラメーターについて使い方と効果を解説していきます。パラーメーターはプロンプトを入力した後に、半角スペースを空けてから入力する必要があります。

パラメーターの記述	パラメーターの役割
--aspect または --ar	アスペクト比（画像の横と縦の比率）を指定します。[--ar X:Y]（Xが横、Yが縦）と記述し、代表的な例としては正方形(1:1)やSD (4:3) ,HD (16：9)などを指定して利用します。
--repeat X または --r X ＊Xは1-40の半角数字	同一の条件で画像生成を行う際に、まとめて行う回数を指定します。最大40回まで指定できますが、[Turbo] と [Fast] は通常と同じように [fast hours] を消費するので注意が必要です。
--stylize X または --s X ＊Xは0-1000の半角数字	Stylize設定をより細かく数値で設定する際に利用します。指定できる数値は0から1000の範囲で、[Low] は50、[Med] は100、[High] は250、[Very High] は750に対応しています。
--chaos X または --c ＊Xは0-100の半角数字	生成される4枚グリッド画像の変化幅の大きさを指定します。通常は[--chaos 0] に対応しており、より幅広い表現が欲しい場合に利用します。Web版ではVarietyという値が該当します。
--cref 参照画像のURL	キャラクターリファレンスと呼ばれる機能です。URLで画像を指定し、その中の人物の大まかな特徴を生成する画像に反映させることができるので、同一の人物を表現する際に利用します。また、パラメーター [--cw ＜0-100＞] を合わせて使うことで、参照する強さを指定できます。数値を指定しないときは [--cw 100] となっており、人物の顔、髪、服装が参照されます。[--cw 0] の時は顔の特徴のみの参照となります。
--sref 参照画像のURL	スタイルリファレンスと呼ばれる機能です。URLで画像を指定し、その画像のスタイルや特徴を生成する画像に反映させることができます。また、[--sref random] とすると、ランダムなスタイルが適用されます。 加えて、パラメーター [--sw ＜0-100＞] を合わせて使うことで、参照する強さを指定できます。
--no 除外したいプロンプト	画像に含めたくないものをテキストで指定します。例えば人物を含めたくない場合は [--no human] や [--no girl, boy] のように単語で指定します。
--seed X ＊Xは0-4294967295の半角数字	Midjourney/niji・journeyもノイズ画像から画像を生成しているため、初期ノイズを指定する際に利用します。シード番号やプロンプト、パラメーターを全て合わせるとほぼ同一の画像を生成することができます。
--personalize または --p	あらかじめ自身の好みの傾向を登録しておき、それに従って画像を生成します。割り振られるショートコードを利用することで他のユーザーの設定を利用することもでき、その場合は [--p ショートコード] をパラメーターに入力することで利用できます。（Midjourneyのみ）

キャラクターリファレンスを利用する

ここからはいくつか特徴的なパラメーターを実際に使ってみます。まずは参照画像のキャラクターの特徴を生成画像にも反映させるキャラクターリファレンスを使用します。例えば右図のような画像1枚を参照画像として指定し、別の場面を指定するようなプロンプトで画像を生成すると、参照画像のキャラクターの特徴を持った新たな画像を生成できます。

キャラクターリファレンスは人物に限ってImage Promptsを使用するよりも強力に画像生成をコントロールすることができます。さらにパラメーター[--cw]を使うと、キャラクターの特徴をどの程度反映させるかをコントロールすることができるので、服装や表情を変えたいときなどに様子を見ながら調整しましょう。

スタイルリファレンスを利用する

続いて参照画像のスタイルを分析し、生成画像に反映させるスタイルリファレンスを使用します。Midjourney/niji・journeyは同じプロンプトで生成しても、生成結果のスタイルに大きな幅があります。より自分の好みのスタイルを参照画像で指示することで画像全体をコントロールします。

また、スタイルリファレンスにもどの程度、参照画像のスタイルを反映させるかを調整するパラメーター[--sw]が存在します。生成の様子を見ながら調整しましょう。

さらに、[--sref random]を使うと思いもしないような新しいスタイルの画像を生成できることもあります。生成する際に割り当てられた9桁の数字を指定することで、再度同じスタイルを生成することができます。

パーソナライズを利用する

　ここまでは画像の情報を利用して、より思い通りに画像を生成する方法を解説してきました。今度はあらかじめ自分の好みのスタイルを記録しておき生成画像に反映させるパーソナライズ機能を設定してみましょう。この機能はMidjourneyでのみ利用できます。利用するには事前に以下のURLにアクセスして、次々に表示される2択の画像のどちらがより好みか回答を選択し、好みの傾向を登録しておきます。

Midjourney Rate Image
https://www.midjourney.com/rank

　十分な数の回答を行うと、パーソナライズ機能が利用できるようになります。さらにコマンド [/setting] を開いて [Personalization] をオンにするとパラメーターを指定する必要もなくなります。また、生成結果で [--p] の後に表示されるショートコードを共有することで自分以外でもパーソナライズ結果を利用することができます。

Midjourney/niji・journeyのコマンド機能を活用する

　最後にDiscordのメッセージ画面から呼び出す機能はコマンドと呼びます。ここまでで紹介した基本の [/settings] と [/imagine] 以外にも画像生成に役立つコマンドを簡単に解説します。

コマンドの記述	コマンドの機能
/shorten	入力したプロンプトを解析し、その中から重要な単語と省略できる単語を見つけてより短いシンプルなプロンプトへと推敲することができます。解析が完了すると、5パターンの短縮プロンプトが提案されるので、そこから選択して画像を生成することもできます。
/describe	画像をアップロードもしくはURLを指定し、その画像を解析してプロンプトを作成します。この機能では元の画像を言語トークンへと解析しているため、利用できるプロンプトの探索に活用することができます。

　本書で解説したものだけでなく、Midjourney/niji・journeyには様々なパラメーターとコマンドが実装されています。もっと詳しく知りたい場合は公式ドキュメントを参照してみてください。

Midjourney Documentation
https://docs.midjourney.com

section 6 NovelAIを使おう

NovelAIとは

　NovelAIシリーズは、Webブラウザを通じて利用できるサブスクリプション形式の画像生成AIサービスの一つで、Stable Diffusionをベースに開発されています。NovelAI社が提供する独自モデルに限定されていますが、Stable Diffusionにはない高品質な画像生成をサポートする便利機能や、ControlNetに相当する特徴的な機能が含まれています。また、提供されているモデルはアニメ風イラストの生成に特化しています。

　NovelAIはブラウザを介して利用するサービスのため、インターネットに接続できる端末から使用できます。アカウントを作成してサブスクリプションに登録すれば、様々な端末からアクセス可能ですので、自分にとって使いやすい環境での利用をおすすめします。本書では、PCブラウザ版での利用方法について解説していきます。

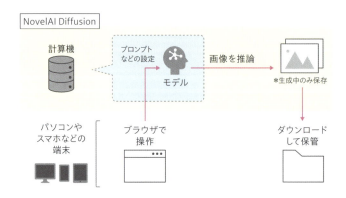

NovelAIに登録する

まずは無料の [Paper] プランのアカウントを作成します。NovelAIのWebサイトを開いて画面を下にスクロールしてサブスクリプションプラン表を表示します。ここから [Get Started] ❶ をクリックします。

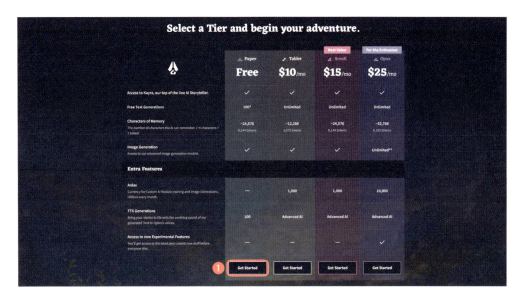

続いてメールアドレスとパスワードを入力し、[Start Writing] ❷ をクリックしてアカウントを作成します。登録したメールアドレス宛にアカウントの有効化を行うためのメールが届くので指示に従って登録を完了させます。アカウントの登録が完了したら [Log In] ❸ をクリックして、登録したメールアドレスとパスワードで [Sign In] ❹ しましょう。

ログインが完了するとNovelAIのメインページが開きます。初めて利用する際は文章生成機能のチュートリアルを体験できます。不要な場合はスキップしても構いません。

▶ テキスト生成は［Paper］プランでも50回まで無料で使用できます。

　続いて画像生成ができるように有料のプランを契約します。メイン画面の右上の［Manage Account］❺をクリックします。

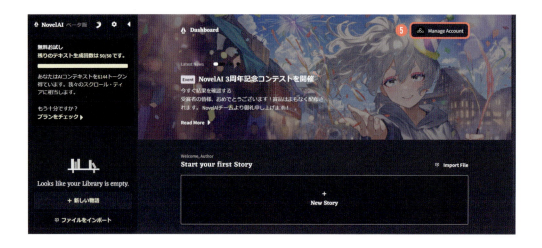

　ここでは現在のサブスクリプションプランを管理することができます。［進む］❻をクリックしてプラン選択画面を開きます。もしNovelAIから配布された［ギフトキー］を持っている場合はここで使用することもできます。

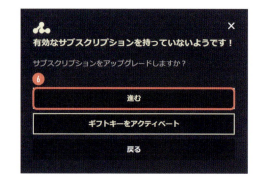

契約するプランをクリックして選択します。画像生成機能を使用できるのは[Tablet]以上のプランとなりAnlasと呼ばれるポイントを消費して生成します。一方最も高額な[Opus]プランは一定の条件を満たす画像であればAnlasの消費なしで生成することができます。Anlasは後から個別に購入することもできます。

▲ プロンプト調整中の生成でもAnlasは消費されるため、本格的に画像生成を利用する場合は[Opus]プランを選択することをおすすめします。また[table]プランを契約し必要な分だけAnlasを買い足していくという選択もあります。

　決算手段を登録したら準備は完了です。画像生成機能を利用していきましょう。

NovelAIで画像を生成する

　画像生成はNovelAIのメイン画面の下にある[画像を生成]をクリックすることで専用の画面を開きます。初めて利用する際は利用規約を確認して同意することが必要です。

NovelAIの画像生成画面が開きます。画面は以下のような構成になっています。

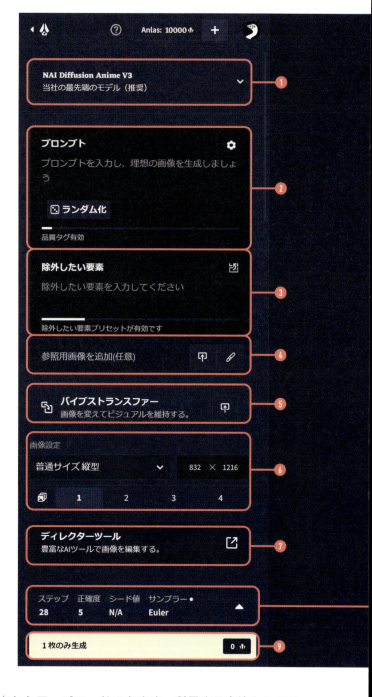

❶ モデル

画像生成に利用するモデルを選択します。最新モデルの中から選択することが奨励されています。

❷ プロンプト

生成したい要素を英語で指示します。NovelAIでは文章の指示ではなく、単語もしくはひとまとまりごとに[,]で区切り[タグ]と呼びます。自動的に品質タグが有効な設定になっています。

▨	ランダムなタグが入力されます。
⚙設定	設定プロンプトの設定を変更します。

❸ 除外したい要素

生成したくない要素を英語で指示します。こちらも自動的に除外したい要素プリセットが有効となっているため、最初は何も入力しなくても問題なく利用できます。

❹ 参照画像を追加

画像生成に利用したい画像を端末からアップロードできます。利用する方法としては[image2image]、[バイブストランスファー]、画像に埋め込まれている[メタデータをインポート]の3つから選択できます。また、✎[画像を編集]をクリックするとペイント用の画面を開くことができ、アップロードする代わりに自分で描くこともできます。

❺ バイブストランスファー

画像から情報を抽出して画像生成に利用します。参照画像は複数枚選択することも可能で、それぞれの[抽出情報]と[参照強度]の設定を調整できます。

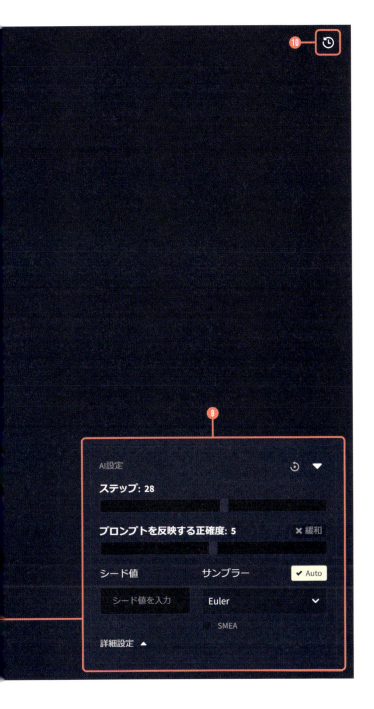

❻ 画像設定

生成する画像のサイズと枚数を設定します。この設定により消費するAnlasの数が変わるため注意が必要です。画像サイズは数字を直接入力して指定することもできます。

❼ ディレクターツール

画像をアップロードして画像生成AI技術を利用した編集を行うことができます。クリックすると専用のUI画面へと切り替わります。通常の画像生成では使用しません。

❽ AI設定

推論を行う際の各種設定を指定できます。また展開するとさらに詳細な設定を行うことができます。

ステップ	推論を行い、ノイズを取り除く回数です。
プロンプトを反映する正確度	基準値を5とし、より正確に反映させる場合は数値を高くします。
シード値	推論を開始するノイズデータを指定します。[N/A]はランダムな値を意味します。
サンプラー	推論を行うアルゴリズムを選択します。オプションとして[SMEA]と[DYN]の有効化を選択できます。

❾ 画像生成

現在の設定で画像を生成します。消費Anlasは忘れずに確認しておきましょう。

❿ ヒストリー

生成した画像を表示できます。一度この画面を離れてしまうと情報は保存されないので注意が必要です。生成した画像はZIPファイルにまとめてダウンロードができるため忘れずに保存しておきましょう。再度同じ設定を利用したくなった時は、[参照画像を追加]で画像を読み込み、[メタデータをインポート]を利用します。

まずは基本的な画像生成を行っていきましょう。最初にモデル❶を選択します。特に強い希望がなければ最新版の[NAI Diffusion Anime V3]モデルを選択すると良いでしょう。

次にプロンプト❷を入力します。英語を1まとまりごとに区切って入力します。この時、下のバーには使用しているトークン数の割合が表されています。NovelAIの最大トークン数は225となっています。除外したい要素❸に関しては生成した結果を見ながら調整するので[除外したいプリセットが有効]であれば特に入力しなくても構いません。さらにタグを入力する際には関連タグがサジェストされます。

続いて画像設定❻で生成する画像のサイズと、同時に生成する枚数を設定しましょう。まずサイズは大きく[普通サイズ]、[大サイズ]、[小サイズ]の推奨サイズと、自由に設定するカスタムに分けられます。

この時、サイズ設定によって消費するAnlasの数は変化します。最初から大きなサイズで生成すると時間がかかる上にAnlasをすぐに使い切ってしまうので、小サイズや普通サイズで生成を行い気に入ったものをツールによってアップスケールする方法を取るのが良いでしょう。また、[Opus]プランでは普通サイズ以下で1枚のみ生成（かつ❼のステップ設定が28以下）とすることでAnlasを消費せずに生成することができます。

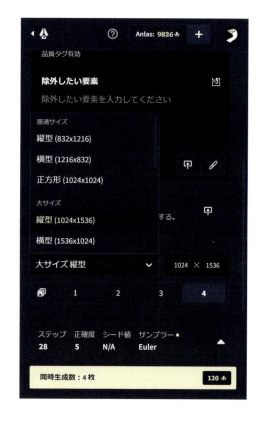

AI設定❼では基本的にデフォルトの設定のままでも十分なため、使い方や画像生成に関して慣れてきてから調整を行うことをおすすめします。ここでは推論を行う際の細かな設定を調整します。例えば、生成画像にノイズが残っている場合はステップの値を上げたり、生成された画像を見てプロンプトの反映がいまいちだと感じた時は［プロンプトを反映する正確度］を高めに変更することが考えられます。

今回は最も単純な画像生成を行うため、画像設定❻とAI設定❼は初期設定から変更せずにそのまま画像生成❽をクリックして生成を行いましょう。画像が生成されると画面中央に生成結果が表示されます。

生成画像の左下の表示は画像の解像度❿、右下のアイコン⓫は共通して以下の機能を呼び出します。

画像をピン止めする	現在の画像1枚をピン止めし、すぐに呼び出せるようになります。
クリップボードにコピー	現在の画像をペーストできるようになります。
画像をダウンロード	現在の画像を［名前を付けて保存］します。
シード値をコピー	現在の画像のシード値を設定に上書きします。

NovelAIの基本機能を使う

画像が生成できたら、次は基本的な機能を使っていきましょう。画面には新たに機能を呼び出すボタンが表示されます。このときAnlasを消費する機能はアイコンの横に消費数が表示されています。

❶ 画像を強調する

画像を読み込んで、再び画像生成を行うことができます。この時プロンプトを編集することができるので、より強調したい要素や追加したい要素を指示することができます。[強度]が高くなるほど画像の変化は大きくなり、[高度な表示]をクリックするとより細かな設定を行うことができます。同時にAnlasを消費して解像度を上げることも可能です。

❷ 別バージョンの画像を作成する

　もとの画像に類似する別の画像を3枚生成します。

オリジナル　　バリエーション1　　バリエーション2　　バリエーション3

❸ 拡大

　画像の解像度を上げることができます。拡大されるサイズは元の画像によって変わります。NovelAIの普通サイズの画像を拡大した場合はもとの4倍の解像度になります。

❹ ベース画像として使用する

　画像をimage2imageへ読み込みます。ここからは[画像を編集]❺画面や、マスクを作成する[画像をインペイントする]❻画面を開いて編集を行うことができます。image2imageについてはP.061で詳しく解説します。

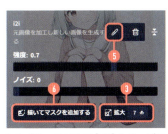 

▶ レガシーモデルの[V2]シリーズではコントロールツール（Stable DiffusionのControlNetに相当）を選択して利用することもできます。

❺ 🖉 画像を編集

ペイントツールを利用できる［画像を編集］画面を開きます。レイヤー機能を利用することもでき、画像に加筆を行ってからimage2imageへ読み込みます。

❻ 🖼 画像をインペイントする

マスクを作成する［インペイント］画面を開いて編集を行うことができます。マスクを作成しimage2imageへ読み込みます。このマスク領域を再度生成して変化させます。

image2imageで画像を生成する

ここからは画像を読み込んで、そこから新たに画像を生成するimage2imageでの画像生成を詳しく見ていきましょう。NovelAIのimage2imageの特徴的な点としては、パラメーターとして[強度]と[ノイズ]があります。

強度	プロンプトの影響力と元画像からそれだけ変化するかを指定します。強度の値が強いほどプロンプトが反映されやすくなり、元画像からも大きく変化するようになります。
ノイズ	元画像に付与するノイズの強さを指定します。ノイズの値が強いほど新しい要素を追加しやすくなりますが、強すぎるとノイズが除去しきれない場合があります。

[強度]を設定するだけでも画像は大きく変化しますが、元の画像から色を変える場合や新しい要素を追加する場合は[ノイズ]の設定を少しずつ強めていくと良いでしょう。

また、手探りでimage2imageの[強度]と[ノイズ]の調整を行うよりも[画像を編集]による加筆と、[インペイント]によるマスクを利用した方がより画像を生成するのに役立つことがあります。例えば、プロンプトに[black tights]タグを追加して、足の部分を[画像を編集]による加筆で黒系統の色で塗りつぶした後に、それを覆うように[インペイント]でマスク範囲を設定して生成すると、以下のような修正ができます。

▲ 修正のコツは、Stable Diffusion同様に1要素ずつ変化させていくことです。また、入力できる画像は生成した画像以外も対象なので、手書きラフを入力して生成をコントロールしたり、一度画像を端末にダウンロードして加筆をPhotoshopなどのツールで効率よく行うこともできます。

バイブストランスファーを使う

　続いて最新モデルの[V3]シリーズに実装されているバイブストランスファーについて解説を行っていきます。詳細な仕組みについては公開されていませんが、Stable DiffusionのControlNetに相当する技術を利用していると考えられます。入力した画像全体から全体の雰囲気や描写されている要素の情報を抽出し、生成する画像をコントロールすることができます。

　使い方としては、キャラクターの大まかな特徴を維持した画像の生成や、プロンプトでの表現が難しい特徴的な要素を生成画像に取り入れたいときに利用すると良いでしょう。バイブストランスファーの設定としては[抽出情報]と[参照強度]の2つがあります。

抽出情報	入力画像から情報を抽出する強さを指定します。この数値に関してはあまり調整に利用せずにデフォルト値の使用が推奨されています。値を下げることで入力画像から不要な要素が抽出されないように働きます。
参照強度	入力した画像から抽出した情報を画像生成に反映させる強さを指定します。値を上げ過ぎてしまうとテキストプロンプトを無視する傾向があります。

また、より反映させたい特徴はプロンプトにも類似するタグを入力し、反映させたくない要素は除外したい要素にタグを入力することで重ねてコントロールすることも有効であると説明されています。さらにバイブストランスファーは複数枚の入力画像を利用できるほか、image2imageとも併用することができます。

▲ この例では主題と背景の2種類の入力画像を利用し、それぞれの画像の要素の中から優先的に取り込みたい要素および除外したい要素タグをプロンプトで設定しています。

NovelAIでプロンプトを構築する

ここからはNovelAIのプロンプト構築について簡単に解説します。NovelAIのプロンプトは全体に影響するいくつかの特別なタグのグループが存在します。今回はその中から品質タグ、美的タグ、制作媒体タグについて触れていきます。

まず品質（quality）タグと美的（Aesthetic）タグは画像全体の品質をコントロールするために利用されます。これらは画面には表示されていない初期設定のプロンプトの中に含まれているため意識しなくても利用しています。一方で、初期設定の状態だと誰でも利用できることで同じような画像が生成されやすいという特徴があります。

― 品質タグ
best quality/amazing quality/great quality/normal quality/bad quality/worst quality

― 美的タグ
very aesthetic/aesthetic/displeasing/very displeasing

続いて制作媒体（medium）タグです。このタグでは描画ツールを指定して画像全体の作風を大きくコントロールすることができます。例えば「アクリル絵の具」や「油絵」を指定し、その作風を生成画像に反映させます。さらに制作媒体タグは複数組み合わせることができるため、それぞれの特徴を持った独特な生成結果を引き出すことができます。

── 制作媒体タグ

アクリル絵の具：acrylic paint（medium）/ボールペン：ballpoint pen（medium）/筆：calligraphy brush（medium）/色鉛筆：colored pencil（medium）/グラファイト：graphite（medium）/インク：ink（medium）/マーカー：marker（medium）/ミリペン：millipen（medium）/つけペン：nib pen（medium）/油絵：oil painting（medium）/ペイント：painting（medium）/パステル：pastel（medium）/ペン画：pen（medium）/水彩画：watercolor（medium）/水彩色鉛筆 watercolor pencil（medium）

これらをはじめとする特別なタグを利用することで、独自のスタイルを追求することができます。さらに、初期プロンプトをオフにして細かなタグの調整を行うこともできます。プロンプトの強調と抑制は以下のルールに従います。

タグを強める	{}で囲むと1つあたり1.05倍になる。重ねがけ可能。
タグを弱める	[]で囲むと1つあたり0.95倍になる。重ねがけ可能。

このようにNovelAIでは初期設定の品質タグを利用した手軽な画像生成から、タグの細かな設定を追求したスタイルの探求まで幅広い利用の方法があります。さらに詳しく知りたい場合は以下の公式リファレンスを参照してみてください。

🔗 **NovelAI ドキュメント／画像生成**
https://docs.novelai.net/image.html

ディレクターツールを使って画像を編集する

ディレクターツールは画像をアップロードし、決まったパターンの編集が利用できるツールです。NovelAIのメイン画面もしくはUIの［ディレクターツール］をクリックすると専用のUI画面を開くことができます。これらの機能も画像生成と同様にAnlasを消費して利用することができます。

① 背景の除去

画像の背景を除去します。以下の3つの方式で変換された画像が出力されます。

Generated	入力画像から生成を行った結果です。背景削除とともにオブジェクトが重なっていて見えない部分も周りの情報から推論して再生成されます。最も使いやすい方式です。
Masked	入力画像から生成を行った結果をマスク範囲として、その部分の入力画像を切り抜いた画像です。主題より前にオブジェクトがある場合はそのまま残ります。
Blend	上記2つをミックスした結果です。

② 線画

画像を線画風の画像に変換します。基本的には塗りのあるカラー画像からの変換を行う際に利用します。スケッチ機能で作成した画像からの線画も作成できますが、「広範囲を塗りつぶすような特徴をなくし、エッジの特徴を際立てる」かのような画像の生成が行われます。

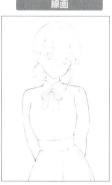

③ スケッチ

画像をモノクロスケッチ風の画像に変換します。画像を厳密に変換するのではなく、「入力画像のラフスケッチ段階」を推論して生成するため生成結果に大きな幅があります。

④ カラー化

線画や着色済みの画像を入力して新たに着色を行います。色の指定はプロンプトで行うことができます。LDMを利用した機能のため、入力した線画の通りに出力されているわけではない点には注意が必要です。うまくいかない場合は［色補正］のパターンを切り替えて試してみましょう。

⑤ 感情

入力画像から感情を基準とした差分画像を生成します。まずは入力画像から［感情：普通］の画像を生成し、その画像を次の入力画像として各感情を再現した画像を生成することができます。感情の種類と強さを指定し、プロンプトで補助することもできます。生成で変化するのは表情だけではなくポーズも変化させることができ、服装やオブジェクトの細かい変化も加えたい場合はプロンプトで指示しましょう。

⑥ デクラッター

入力画像の主題よりも前景に配置されているテキストやオブジェクトを取り除いた画像を生成します。

section 7 Adobe Fireflyをつかおう

Adobe Fireflyとは

Adobe FireflyはAdobeが独自のデータセットで学習を行った生成AIモデルとそれを利用した機能を提供するサービスです。主にWebサービスの形で提供されていますが、PhotoshopやIllustratorなどにも一部機能が実装されており、今後もPremiere Proなどをはじめとする Adobeソフトウェアに生成AIを使った機能が追加されていく見込みです。

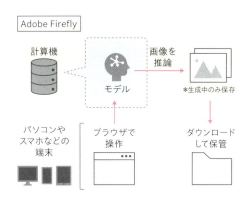

Fireflyは独自のスタイルとライティングやカメラアングルなどの設定ができるところが特徴です。また、コンテンツ認証情報が埋め込まれるため後からトレースできるという特徴もあります。他の生成AIサービスと比較するとより商業的な利用を前提とした機能や特徴を備えていると言えるでしょう。

Adobe Fireflyに登録する

Adobe Fireflyはサブスクリプション形式のサービスで、プランに応じて提供される生成クレジットを消費して画像生成を行います。まずはAdobeアカウントを作成しましょう。以下のURLを開き、画面右上の［ログイン］❶をクリックして［アカウントの作成］へと進みます。

🔗 Adobe Firefly
https://www.adobe.com/jp/products/firefly

　また、既に何らかのAdobeのプランを利用している場合は、そのままログインしてアカウントのアイコンをクリックし、所持している生成クレジットがあるか確認してみましょう。アカウントの準備が整ったら、[Fireflyで作成] ❷ をクリックします。

　[テキストから画像生成] の画面が開いたら、表示されているコミュニティギャラリーの中から作りたい画像のイメージに近いものを探してクリックするか、画面下のプロンプト入力欄に生成したい画像のプロンプトを入力して [生成] をクリックします。それぞれクリックするとAdobe Fireflyのメイン画面が開きます。また、プロンプトの入力は日本語でも利用できます。

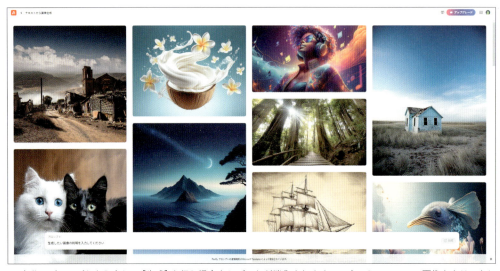

▲ 自分でプロンプトを入力して [生成] を行う場合クレジットが消化されます。一方コミュニティの画像をクリックして表示する場合にクレジットの消費はありません。この画面から画像生成を行うとほとんどの機能が使えないにも関わらずクレジットを消費してしまうため、まずは画像をクリックしてからはじめましょう。

　この時、生成クレジットを持っていない場合は何らかのプランに登録する必要があります。ここで案内されるのはAdobe Firefly有料プランとAdobe Express有料プランの2種類です。この2つのプランは毎月決まった数の生成クレジットが割り当てられ、それを使い切ってしまうと、追加でクレジットを購入しない限り生成が1日2回までに制限されます。

一方でCreative CloudおよびAdobe Stock有料プランに登録している場合は、生成速度は遅くなるもののクレジットを使い切っても回数制限はありません。（24年8月時点ではAdobe Express有料プランも期間限定でクレジット消費後も制限なく生成ができます。）したがってAdobeが提供する生成AI機能を本格的に利用することを考えている場合はアプリ内でも利用できるPhotoshopやIllustratorが含まれているCreative Cloudに登録することをおすすめします。

Adobe Fireflyで画像を生成する

Adobe FireflyのUIは以下のようになっています。まずは画面左側の設定メニューとプロンプトを決めて画像を生成し、気に入った画像の［編集］メニューから操作を選びます。あらかじめ設定を細かく決めておくと、より生成したい画像に近付けることができます。

▲ コミュニティの画像をクリックして開始するとその生成時の設定を引き継げるため、どのような設定を利用しているのか参考にすることができます。

❶ 一般設定

使用するモデルと生成画像の縦横比を選択肢の中から選んで設定します。

❷ コンテンツの種類

生成したい画像を［アート］もしくは［写真］のどちらかから選択するか、自動をオンにします。

❸ 合成

ギャラリーから選択、もしくは手持ちの画像をアップロードしてその輪郭と深度情報を反映させた画像を生成することができます。

❹ スタイル

スタイルの指定方法としては、以下の項目をそれぞれ設定することができます。また、それらの設定をまとめてどの程度生成画像に反映させるかを［視覚的な適用量］と［強度］で調整します。あらかじめ作りたい画像のスタイルが定まっている場合はここで指定することをおすすめします。

参照	ギャラリーから選択もしくは手持ちの画像をアップロードして、その画像のスタイルを生成画像に取り込むことができます。
効果	［流行］、［テーマ］、［テクニック］、［効果］に分類されたスタイルのうち適用したいものを選択します。同じ分類から複数選ぶこともできます。
カラーとトーン	画像全体の色づかいを候補の中から1つ指定できます。
ライト	光の種類や撮影方法に関わる設定を候補の中から1つ指定できます。
カメラアングル	画像の構図や焦点に関わる設定を候補の中から1つ指定できます。

❺ プロンプト

生成したい画像をテキストで指示します。また、設定している［合成］や［スタイル］の内容も表示されます。［生成］をクリックすると画像が生成されます。

❻ ダウンロード／すべてをダウンロード

生成した画像を端末にダウンロードして保存します。生成した画像は保存されないため、忘れずにダウンロードしておきましょう。生成した4枚すべてをダウンロードするには［すべてをダウンロード］が便利です。

❼ 編集

生成した画像の上にカーソルを合わせると表示されるメニューの中から 🖉 をクリックすると以下の編集メニューが表示され利用することができます。

生成塗りつぶし	画像にマスクを作成して部分的に生成したり、拡張生成を利用することができます。操作は専用のWebキャンバスで行います。
類似の項目を生成	選択した画像を基準に別の画像3枚を新たに生成します。
校正参照として利用	［合成］の参照画像に設定します。
スタイル参照として使用	［スタイル］の参照画像に設定します。
デザインを作成	Adobe Express を開き、生成画像を利用して制作を始めます。

Part

2

制作テクニックを知ろう

File	1	▶	Sentaku
File	2	▶	万里ゆらり
File	3	▶	フィナス
File	4	▶	シトラス（柑橘系）
File	5	▶	あいきみ
File	6	▶	くよう
File	7	▶	茶々のこ

File 01

Sentaku（せんたく）

🌐 https://x.com/sentakusound

制作環境 (OS/GPU)：スマートフォン android ver14 SONY Xperia SO-53C RAM 4GB / ROM 64GB
普段使用する画像生成AI：niji・journey / DALL-E3
使用ソフトウェア：Upscayl
使用デバイス：スマートフォンのみ

—— 作風について

私は「ごちゃごちゃしてて何か良い」をコンセプト
に作品を制作しています。歴史の浅いAIイラスト
ですから「何か良い」と感じる所が大事だと考えて
います。また「2次元と3次元の曖昧さ」というの
を表現できるのも大きな特徴だと思っていて、
「2.5次元」という作風に挑戦しています。

—— 制作上のコツや意識していること

私はSNSに投稿することを目的として、スマート
フォンのみで制作を完結させています。大きな修
正などは視野に入れず、画角やシチュエーション
などをわかりやすく目を引くようなイラストを生
成するように意識しています。ですから最初の構
想とプロンプト作りがイラスト制作において大き
なウエイトを占めています。感覚的にプロンプト
を足したり引いたりしていきながら、理想に近づ
けていくというのが私の制作スタイルです。

—— 画像生成 AI によってよくなった事や
今後、画像生成 AI に対して期待すること

私は「自分を表現する」場が欲しいと常々思ってい
ました。画像生成 AI とSNSでそれができるよう
になりました。今とても楽しんでいます。もっと
世界の AI イラストの対する理解度が深まればいい
なと思っています。

完成作例

全体の流れや制作に至るまでの思考

私はまず生成したいもののモチーフを決め、モチーフと何を組み合わせればいいかを考えてから制作を始めます。そこからプロンプトを練り込んでいき、良い要素が現れた画像があればそれを種にしてスタイルリファレンス（--sref）機能を使って作品の質を詰めて行きます。最後に必要に応じて破綻部分をVary (Region) 機能で修正して完成です。

制作ワークフロー

STEP 1　作りたいイラストのモチーフを考える

私は身近なものをモチーフに加えます。その方が3Dやイラストのテイストになったときに共感が得られやすいと考えるからです。分かりやすいものと、意外なものを組み合わせるのも良いでしょう。

STEP 2　プロンプトを実際に書きだす

私はniji・journeyで日本語のプロンプトを使って生成しています。英語の方がプロンプトの効きは良くなりますが、自分の中に降りてきたフラッシュアイデアをそのままプロンプトの置き換えたいため、あえて日本語で生成します。

STEP 3　バリエーション（Vary）機能で生成する

バリエーション機能を使いイメージに近いイラストが出るまで生成します。その際に「こっちの方向に行って欲しい」というのを意識しながら、プロンプトを足したり引いたりします。この際--cのカオス値も使用します。

STEP 4　カオス値（--c）で面白い質感を生み出す

STEP 3 で生成した画像に不足した要素を補うための画像を生成します。ここではカオス値（--c）機能を利用して面白い質感を持った画像を準備し、STEP 5 でその要素を取り込んで使用します。

STEP 5　スタイルリファレンス（--sref）機能を使って深みをだす

ここまで生成されたイラストをスタイルリファレンス（--sref）機能を使ってプロンプトに加えます。この機能を使うと指定した画像の作風などを反映してくれるため、イラストに更に深みを出すことができます。

STEP 6　生成結果から良いものを選ぶ

一番難しいのがこの選ぶ作業です。実際にSNSの投稿画面にアップして見たりして良いと感じるものを選びます。破綻があればVary (Region) 機能で修正して完成させます。

STEP 1 作りたいイラストのモチーフを考える

目安時間 作業：10分

● イラストのテーマとモチーフの決定

今回は夏に向けてのイラストを生成しようとまず考えました。その中で私の得意としている2.5次元風のイラストと夏を合わせて、どのようにしたら魅力的になるかを想像します。明るいイラストにしたいなと思ったため、最終的にひまわりをモチーフにしようと決めました。ひまわりをどのような視点で見せたら面白く魅力的になるかを考えます。

STEP 2 プロンプトを実際に書きだす

目安時間 作業：10分　生成：1分

● プロンプトを入力して出力を確認する

　STEP 1 で考えた内容をもとにプロンプトを実際に書き出してみます。最初は深く考えず、「大輪のひまわりと女の子」というのをイメージして書き出してみます。最初に打ち込んだのは下記になります。ここでのポイントは①「3Dレンダー」で3D感を出すようにすること、②女の子の詳しい特徴を記述すること、③視点に関するプロンプトを入れる、の3点です。また「マイクロフォトグラフィ」と入れることで背景をぼかして被写体がくっきりと映るような効果を出すことができます。「ミニチュア」や「ジオラマ」といったプロンプトも「マイクロフォトグラフィ」と相性が良く、より立体的な効果を生むことができます。この時気を付けないといけないのは「日本語には主語がないことが多い」という点です。例えば「花を持っている」というように書くよりも、「彼女は花を持っている」と書いた方が良い結果に繋がります。niji・journeyは入力された日本語のプロンプトを一旦英語に翻訳してから入力するため、主語がないと女の子に持たせたいのに男の子（He）に置き換えられてしまうことがあるためです。

fig.01

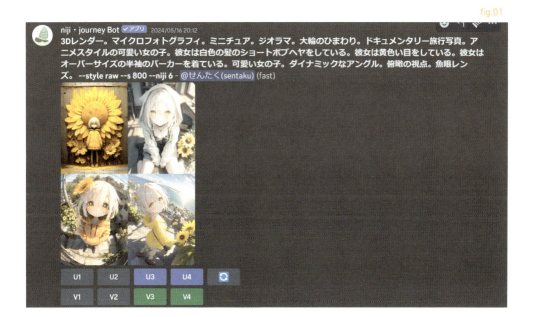

— **Prompt & Parameters**

　3Dレンダー。マイクロフォトグラフィ。ミニチュア。ジオラマ。大輪のひまわり。ドキュメンタリー旅行写真。アニメスタイルの可愛い女の子。彼女は白色の髪のショートボブヘヤをしている。彼女は黄色い目をしている。彼女はオーバーサイズの半袖のパーカーを着ている。可愛い女の子。ダイナミックなアングル。俯瞰の視点。魚眼レンズ。 --style raw --s 800 --niji 6

STEP 3

バリエーション（Vary）機能で生成する

> 🕐 **目安時間** 作業：10分　生成：10分

● バリエーション（Vary）でより良い表現を掘り下げる

STEP 2で生成した画像をもとに、バリエーション機能で類似画像を生成することで掘り下げていきます。

fig.02

ここではいくつかの生成画像の中から「立体感がある」という理由でfig.03を掘り下げようと決めました。

fig.03

まずは fig.03 をアップスケールします。続いて Vary (Strong) を使用し、プロンプトに「手に一つのひまわりを持っている。」を追加して生成し結果を確認していきます。

fig.04

― **Prompt & Parameters**

手に一つのひまわりを持っている。3Dレンダー。マイクロフォトグラフィ。ミニチュア。ジオラマ。大輪のひまわり。ドキュメンタリー旅行写真。アニメスタイルの可愛い女の子。彼女は白色の髪のショートボブヘヤをしている。彼女は黄色い目をしている。彼女はオーバーサイズの半袖のパーカーを着ている。可愛い女の子。ダイナミックなアングル。俯瞰の視点。魚眼レンズ。 --style raw --s 800 --niji 6

ひまわりの花を手に持たせることには成功したので、3〜4回ほど生成を繰り返しましたが、あまり良い効果は得られませんでした。そのため今回は fig.03 が一番良いという結論になりました。

fig.05

カオス値（--c）で面白い質感を生み出す

目安時間 作業：5分　生成：5分

● スタイルリファレンス（--sref）機能で使う画像を準備する

fig.03の課題は「3D感が足りない」ことと、「パーカーが夏なのに半袖ではない」という点です。そのため、3D感のある半袖パーカーのイラストを別途生成しスタイルリファレンスで取り入れることにします。パーカーの質感や顔に3D感があるものを選びます。

fig.06

― **Prompt & Parameters**

魚眼レンズ。彼女は半袖の黄色いパーカーを着ている。アニメイラストスタイルの可愛い女の子。3Dレンダー。ミニチュア。ジオラマ。黒色の髪をしたショートボブヘアの可愛い女の子。彼女はオーバーサイズの半袖パーカーを着ている。彼女は黄色い瞳をしている。マイクロフォトグラフィ。オクタンレンダー。 --c 5 --style raw --s 800 --niji 6

fig.07

ここではプロンプトにカオス値（--c 5）を使用し、面白い質感が出るようにしました。カオス値はあまり強くすると破綻が多く突飛なものが生成されてしまいます。そのため--c 5くらいの値を私は多用します。また「オクタンレンダー」のワードを入れてより3Dになるようにしました。niji・journeyでは重み付けのパラメーターが強く効いてしまうので「彼女はオーバーサイズの半袖パーカーを着ている」のプロンプトを二回挿入して調整しています。fig.07の3D感が良く表れている特徴をこの後の画像にも反映させたいと考え、スタイルリファレンス（--sref）でSTEP 3 で使用したプロンプトに挿入することにします。

スタイルリファレンス（--sref）機能を使って深みをだす

目安時間　作業：60分　生成：60分

● スタイルリファレンス（--sref）機能を使って画像を生成する

STEP 4 で生成したfig.07の作風に加えて、STEP 2で生成したfig.03のテイストを残したいので、STEP3までで作り上げたプロンプトに2つの画像をスタイルリファレンス（--sref）機能で加えます。ランダムスタイル（--sref ramdam）を使用した多様なスタイルも魅力的ですが、私はより作品の方向性を自分の思った方向に定めたいので自分で生成した画像を指定して利用することが多いです。ここからトライ＆エラーの始まりで

す。生成結果を確認しながらプロンプトを足したり引いたり、一度全部書き直して再生成したりを繰り返します。ランダム性があることから俗に「ガチャ」などとも呼ばれますが、私はすごく大事な工程だと思っています。「何か良い」を生み出すことができるまで繰り返します。ここではプロンプトに「珍しい視点」という単語を加えてみました。より立体感を出したいという狙いです。

fig.08

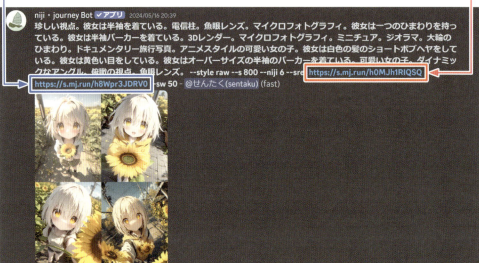

― **Prompt & Parameters**

珍しい視点。彼女は半袖を着ている。電信柱。魚眼レンズ。マイクロフォトグラフィ。彼女は一つのひまわりを持っている。彼女は半袖パーカーを着ている。3Dレンダー。マイクロフォトグラフィ。ミニチュア。ジオラマ。大輪のひまわり。ドキュメンタリー旅行写真。アニメスタイルの可愛い女の子。彼女は白色の髪のショートボブヘヤをしている。彼女は黄色い目をしている。彼女はオーバーサイズの半袖のパーカーを着ている。可愛い女の子。ダイナミックなアングル。俯瞰の視点。魚眼レンズ。
--style raw --s 800 --niji 6 --sref（参照画像のパス1、2）--sw 50

● プロンプトを調整してより立体感を生み出す

fig.09で分かるように「珍しい視点」というプロンプトによってひまわりを際立たせることができました。

このイラストも気に入ったのですが、まだまだリアル感が足りないと感じました。そこで「より3D感を出すため」に何かひまわり以外の物が必要と考え、プロンプトに「くまのぬいぐるみ」を足すことにしました。ぬいぐるみの生地の質感を前面に出すことでリアル感を演出する狙いです。

fig.09

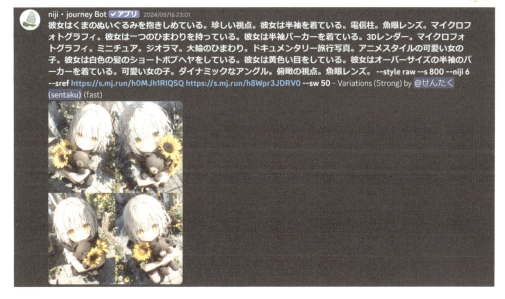

fig.10

— **Prompt & Parameters**
彼女はくまのぬいぐるみを抱きしめている。珍しい視点。彼女は半袖を着ている。**電信柱。**魚眼レンズ。マイクロフォトグラフィ。彼女は一つのひまわりを持っている。彼女は半袖パーカーを着ている。3Dレンダー。マイクロフォトグラフィ。ミニチュア。ジオラマ。大輪のひまわり。ドキュメンタリー旅行写真。アニメスタイルの可愛い女の子。彼女は白色の髪のショートボブヘヤをしている。彼女は黄色い目をしている。彼女はオーバーサイズの半袖のパーカーを着ている。可愛い女の子。ダイナミックなアングル。俯瞰の視点。魚眼レンズ。 --style raw --s 800 --niji 6 -sref（参照画像のパス1, 2）--sw 50 --ar 3:4

STEP 5 でのポイントはスタイルリファレンス（--sref）で画像を二つ混ぜていることと、その重みづけを（--sw 50）と半分にしている所です。さらに style は style raw を選択しています。raw の方が default よりもプロンプトを反映してくれるからです。style の値は少しだけ余白を持たせて（--s800）としています。また、プロンプトに「電信柱」という単語を加えて街中のイメージを強くしました。このプロンプトを使用して、良いものが出力できるまで生成していきます。

STEP 6 生成結果から良いものを選ぶ

目安時間　作業：5分　生成：5分

● 評価軸を定めて完成画像を選ぶ

最終的なプロンプトが定まったら生成を続け、生成したものの中からより良いものを選択します。まず、4枚まで画像を絞り込みました。その中からさらに基準を決めて絞り込んでいきます。

fig.11　fig.12
fig.13　fig.14

今回は3D感とアングル、ぬいぐるみの生地の質感に重きをおいて考えました。また、背景のボケ具合と主題との遠近感が良く出ていたので、結果として、fig.13のイラストを選びました。

今回は利用しませんでしたが、いまいちな部分や修正が必要な部分があるときはVary (Region)機能で変化を加えて完成です。

fig.13（再掲）

▲目立つような高度な技術を使っているわけではありませんが、スマホで簡単にできるので、皆さんも是非やってみてください。

▶ **Key Prompt**

笑顔。ultra－detail な指。ごちゃごちゃした背景。アールブリュット模様と幾何学模様が混ざり合っている背景。アニメイラストスタイルの可愛い女の子。白色の髪のショートボブヘアに黄色い目の可愛い女の子。6等身。全身。つま先。彼女はサルエルズボンを履いている。彼女はオーバーサイズのTシャツを着ている。彼女はリュックを背負っている。彼女はベースボールキャップを被っている。太い輪郭線。太い白色の輪郭線。ステッカースタイル。カラフルで虹色な背景。 --style raw --s 800 --niji 6 --ar 3:4

📧 **Key Prompt**

半袖。ドキュメンタリー旅行写真。明度と彩度が高いイラスト。アニメイラストスタイルな女の子。ダイナミックな視点。全身。彩度と明度が高いイラスト。マイクロフォトグラフィ。フォトリアルな背景。黒髪のボブヘアで緑色の目をした可愛い女の子。彼女はベースボールキャップを斜めに被っている。彼女はオーバーサイズの白色襟付きシャツを着ている。彼女はオーバーサイズのサルエルパンツを着ている。観葉植物のある一人暮らしの部屋。ジオラマ。半袖。ミニチュア。写真に描かれている可愛い女の子。ultradetail な手指。笑顔。 --style raw --s 800 --niji 6 --ar 3:4

File 02

万里ゆらり

https://twitter.com/yurari_banri

制作環境：MacBook Air
普段使用する画像生成AI：NovelAI、Stable diffusion、niji・journey
使用するソフトウェア：Photoshop/Illustrator/Topaz Photo AI
使用デバイス：ノートPC/タブレット/スマートフォン

―― 作風について

少女や自然をモチーフに、繊細で美しいイラストを目指しています。その時にときめくモチーフを取り入れながら、AIが推論してくれる世界を楽しんでいます。

―― 制作上のコツや意識していること

生成AIの性質上、AIイラストは画面に空白を設けることが不得意なため、閲覧する方が想像できる余地を残すように心がけています。具体的には、生成の際はプロンプトで表現を盛り、加筆修正では要素を削り落とします。また、様々なイラストを日々学び、AIイラストでありながらも『万里ゆらりの絵柄』が作り出せるようにプロンプトや表現を考え、調整を行っています。

―― 画像生成AIによってよくなった事や
　　今後、画像生成AIに対して期待すること

画像生成AIに触れる以前、イラストを描いていたことがありましたが、最近では自分の手でイラストを描くことがなくなりました。しかし、画像生成AIを知り、自分が好きな表現や好むイラストを表現したり、自分の中に眠っていた『何かを描きたい』欲求や、活動を通じて様々な世界と出会い、知識を得ることができ、代え難い友人も出来ました。まだ、様々な論点がある技術ではありますが、法整備と共に、社会の中で画像生成AIへの理解・受け入れが進み、趣味としてイラストを楽しむ方だけでなく、社会的に有意義なものとなっていくことを願っています。

完成作例

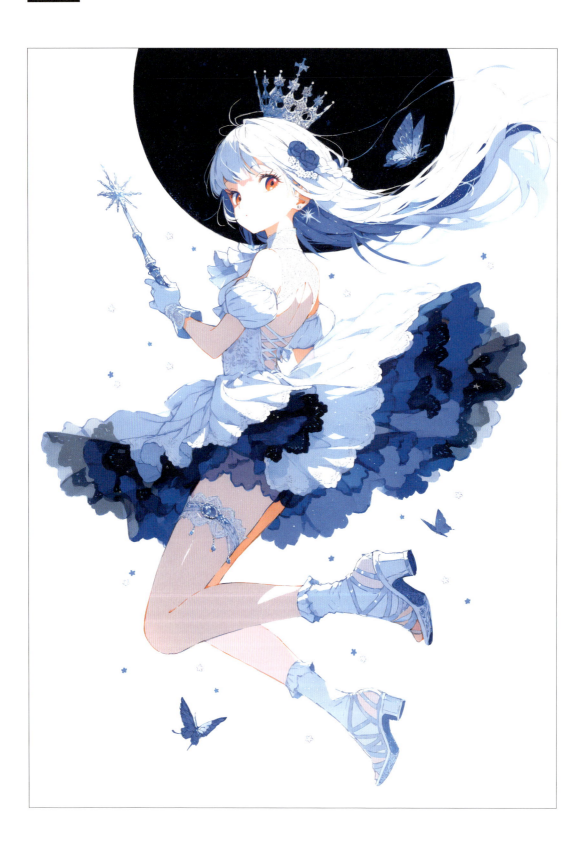

全体の流れや制作に至るまでの思考

日々の生活で得られた感情を元に、制作を始めることが多いです。梅雨の時期は紫陽花をモチーフにしたり、暑い日が続くときは涼しげなイラストを作るなど、自分のイラストが誰かの生活に寄り添えるように意識しています。その他、好んでいる繊細で清楚な服装や、色気がありながらも美しい表現をAIと壁打ちをしながら作り、自分が好きなものを誰かに届けたいと考えながら制作を行なっています。

制作ワークフロー

STEP 1　モチーフ・テイストの考案
NovelAIのtxt2imgでイラストを生成するために、全体像をイメージし、そこから頭の中でプロンプトを構築します。ある程度イメージが固まった段階で、実際にNovelAIへ移行し、制作を開始します。

STEP 2　txt2imgでの生成
上記モチーフ・テイストをプロンプトとして入力し、生成していきます。基本的なクオリティプロンプトは普段自分が使っているものをベースに、モチーフやテイストに合わせて微調整を行います。

STEP 3　txt2imgしたイラストをAI修正
主に見切れ・モチーフの描写調整・体のパーツの破綻など大きな箇所を調整します。この際に、手で修正できる細かい部分は気にせず、次の工程へと回します。

STEP 4　細かい描写の調整
描き込みが多すぎる部分を中心に、不要な書き込みを削除し細かいパーツの加筆修正をしていきます。この際は主に人間の手による加筆修正を行います。

STEP 5　色彩・明暗の調整
イラストの色彩・明暗の調整を行います。主に見せたいモチーフが一番美しく見えるように調整することを意識しています。

STEP 6　微調整
ひととおり修正を終えた後、バランス調整や全体を俯瞰したときに気になる点を修正します。

モチーフ・テイストの考案

🕒 目安時間　作業：60分

● テーマから全体のモチーフ・テイストを考える

　今回の制作では、最初に「生成AIイラスト」に対してのイメージをシンプルにまとめようと考えました。出会った時のときめきや、魔法のように感じた部分の要素を織り込むために今まで生成した絵や、他の方のイラストを見ながら思考を巡らせ、数日イメージを練り、その中でいくつかのモチーフを考案し、それを中心に組み立てます。

　今回は、特に私が生成AIを始めた動機である「自分の好きなモチーフや好みの少女が魔法のように生成されるときめき」をベースに「魔法・花・蝶」のイメージをメインに、見た目が好みである「白髪・赤目・ドレス」の少女を生成しようと考案し、それに伴うプロンプトを考案することにしました。

txt2imgでの生成

🕒 目安時間　作業：30分　生成：45分

● プロンプトを構築しNovelAIで生成する

　STEP 1で考案したモチーフに準じて、NovelAIのtxt2imgでプロンプトから画像を生成する準備をします。私は生成AIのランダム性に委ねる部分に魅力を感じているため、あえて自然言語（文章になっているプロンプト）ではなく、モチーフを英訳したワードをプロンプトに用いることが多いです。

　プロンプトでは、私が好きな要素をたっぷり詰め込みつつ、生成された様子を見て重みづけを調整したり、ワードの入れ替え・変更をしながら生成を進めていきます。ネガティブプロンプトはNovelAIでの除外したい要素（人間に重点を置く）に準じたものを使用し、生成の様子を見て画像に不要なものを挿入することがあります。また、クオリティタグの一環としてnsfwを使用することがあるため、発生しがちな過度な露出やセンシティブな要素を防ぐためにネガティブプロンプトの最初にもnsfwを入れることで打ち消しを行うことが多いです。

　画像設定をopusプランで0クレジットで生成できる普通サイズ縦型（832×1216）に設定した上でしばらく生成と調整を繰り返し、ある程度想像に近いイラストが安定して生成されるようになった段階で、NovelAIの設定内で最大の壁紙縦型（1088×1920）に切り替え、細部描写を上げた状態で数十枚生成し、一番好みの結果を使用します。特に気に入ったのは、髪のなびき方やスカートの広がり方、太もも部分のベルトへの装飾や靴のデザインです。

fig.01

― 基礎プロンプト （参考情報）

1girl, nsfw, white background, floral back ground, year 2023, 8k, tegaki, oil paste, best quality, amazing quality, very aesthetic, absurdres, 24yo, white hair, red eyes, looking at viewer, crown, white gloves, white ascot, puffy short sleeves, have magic wand, white socks, lace up black sandals, thigh strap, black and white dress, jewelry, gem, butterfly, roses, starry sky print, double exposure, flying, zero gravity, jumping

― 除外したい要素

nsfw, lowres, {bad}, error, fewer, extra, missing, worst quality, jpeg artifacts, bad quality, watermark, unfinished, displeasing, chromatic aberration, signature, extra digits, artistic error, username, scan, [abstract], bad anatomy, bad hands, @_@, mismatched pupils, heart-shaped pupils, glowing eyes,

STEP 3 txt2imgしたイラストをAI修正

目安時間 作業：15分 生成：15分

● NovelAIのインペイント機能で拡張する

まず、今回のイラストに見切れている部分が多いため、Photoshopで画像を読み込み、生成されたイラストのカンバスサイズを拡大します。

次に、拡張したキャンバスのサイズを調整しながらNovelAIのインペイント機能を使い、見切れている部分を生成します。この際、fig.03のようにある程度広範囲をマスク選択することで再生成についてもAIの自由度を優先しています。私は先述の通りランダム性に楽しさを感じているため、まとめて生成をした上で合成を行いますが、パーツを分解して書き出し、それぞれ生成を行うことで試行回数や消費クレジット数を抑えることも出来ます。自身の生成スタイルに応じて好きな方法を選びましょう。また、NovelAIのインペイント機能を使うと若干本来の画像と縦横比に差異が出る場合があります。繊細な絵柄を合わせる際は細かい切り貼りを行うほうが良いと考えています。

fig.02

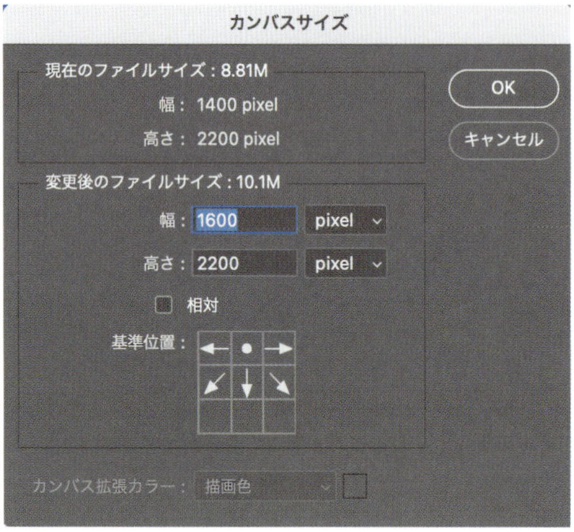

fig.03

NovelAIは非常に優秀なインペイント機能を持っているため、クオリティタグなど細かいプロンプトを入れずとも画風に合わせた描き足し・調整をしてくれることがほとんどです。今回も、white hair, skirt, lace up black sandalsのシンプルなワードで数十回ほど生成を行い、一番生成結果がテイストにあっているものをセレクトしました。まだ髪の先が切れている部分もありますが、髪の毛の躍動感とイラスト全体のバランスを踏まえ、ここでAIによる修正を一度ストップします。

fig.04

　修正の際は整合性が取れていることを最優先としていますが、私のイラストは静をイメージした、無表情・繊細な描写が多いため、見栄えが良い嘘描写（手前側の手が過度に大きいなど、イラストを魅力的、躍動感があるように感じさせるもの）は取り入れることを意識しています。画風や描き足す内容によってはプロンプトの工夫もいる部分ですが、主に描いて欲しいもの・描いて欲しくないものを自分の中で明確にし、それに応じたプロンプトを組んでいくのがポイントです。

fig.05

fig.06

　また、今回の制作では発生しませんでしたが、AIイラストで破綻が起きやすい手・足・関節・耳など、自身の手で加筆修正できない箇所についてはこの段階でAI修正を行います。あまりにも大きな破綻はAIでの修正も難しいため、どうしても修正が難しい場合はワークフローを遡り、イラストの再生成からやり直した方が結果的に良いものに仕上がることも多いです。

STEP 4 細かい描写の調整

目安時間 作業：30分

● Photoshopの生成塗りつぶしと手作業で修正する

まず、AIが描き込みがちになっている部分を一度全部削除し、その上で加筆を行います。今回はまず、①視線が散ってしまう印象がある上部の藍色の円に乗っているエフェクト、②周りの細かい模様、③王冠・ドレス・靴・髪の毛の破綻が目立つ部分と、④ノイズに見えるものについて、Photoshopで手作業及び生成塗りつぶし機能を使って修正を行いまいました。普段の制作の際は、AIが生成したランダム性を活かす場合もありますが、今回は白い背景に佇むキャラクターをメインに据えたいため一度エフェクトを一掃しています。

fig.07

その上で、画面右上から当たっていることが想像されるライティングを考えると目元のハイライトに違和感があったため、目の修正・まつ毛の加筆を行いました。特にイラストにおいては目が重要だと考えているので、さまざまな表現を見てもっと目や視線についての知識や技術を学びたいと日々感じながら加筆を行なっています。

fig.08　fig.09

▲目部分の修正では主にまつ毛、ハイライト、まつ毛周りの破綻などを手作業で加筆修正します。目の印象が強く・美しく見えるようにしています。

◉ Topaz Photo AIでアップスケールする

大まかな修正が終わった段階で、今後の作業に備えてTopaz Photo AIにてアップスケールします。今回は倍率3倍で行いました。基本的にはstandard（v2）のデフォルト設定で行います。

fig.10

STEP 5 色彩・明暗の調整

目安時間 作業：30分

● Photoshopで色合いを調整する

　Photoshopで全体的な仕上げを行います。普段はコントラストを下げて淡い色合いを活かすときもありますが、今回は青と白の色合いを気に入っていたので、彩度と明度をあげました。

fig.11

fig.12

STEP 6 微調整

⏱ 目安時間　作業：15分

● 全体を見ながら加筆して仕上げる

　ここまでの修正を踏まえ、全体をまとめていきます。まず、最初に生成した絵からエフェクトをコピーし、視線の妨げになりすぎないように青と白の色合いを散りばめます。続けて、右白目部分を加筆・サンダルの肌が見えている部分に統一感がなかったため、加筆を行いました。これで完成です。

fig.13

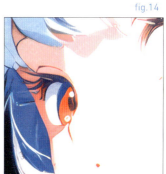

fig.14

fig.15

▲サンダル部分は肌が見える部分とソックス・ベルトの部分に着目し、左右の足で激しい破綻が出ないように加筆修正しています。

▄ **Key Prompt**

White background, black hair, bob cut, brown eyes, :o, angel wings, punk fashion, fishnet tights, boots, squatting,

▶ Key Prompt

Black background, silver hair, long hair, grey eyes, expressionless, dress, bare shoulders, flower,

▶ Key Prompt

White background, white hair, bob hair, blunt bangs, red eyes, parted lips, dress, hair flower, looking away, roses,

▸ Key Prompt

White background, black hair, purple eyes, bangs, parted lips, dress, looking up, flower,

File **03**

フィナス

https://x.com/finasu

制作環境：Windows 11 Home / NVIDIA GeForce RTX 3050 Ti Laptop GPU（VRAM 4GB）
普段使用する画像生成AI：NovelAI（NAI Diffusion Anime V3）
使用ソフトウェア：CLIP STUDIO（32 ビット）Version 2.0.6 / PhotoScape X Pro 4.2.1
使用デバイス：液晶ペンタブレット XPPen Artist 12 セカンド

—— 自身の作風について

イラスト調でやわらかい雰囲気の絵が好みで、白
背景で人物のみを描くよりは、人物がどのような
シーンにいるかが分かる背景のあるイラストを制
作することが多いです。レンズフレアのような光
の表現を編集によって加えることが多く、それによ
り印象的なイラストにすることを心掛けています。

—— 制作上のコツや意識していること

AI生成によるイラストでは、表情やしぐさのよう
な繊細な表現を実現しきれない場合が多いと思い
ます。そのため、構図や色、コントラストのよう
な全体の印象につながる要素に重点を置きながら
制作しています。

—— 画像生成AIによってよくなった事や
　　今後、画像生成AIに対して期待すること

絵を描けない私でも好きなことを表現出来たり、
ファンアートにより好きな作品に関われるように
なったことが嬉しく思います。最近は動画のサム
ネイルなどで生成AIのイラストを見かけることも
多くなりました。素人でも必要な時に必要なイラ
ストを手に入れられるツールとしてより一般的な
ものになることを期待したいです。

完成作例

● 全体の流れや制作に至るまでの思考

　AIイラストの制作において、生成画像を「コラージュするための素材の1枚」とみるか、「写真のようにほぼ完成している1枚」とみるか、という2種類の捉え方ができると考えています。今回は後者のように捉えて、生成結果の良さを活かす方向で制作を行いました。NovelAIはモデルの品質が高いため、生成結果をそのまま活かしやすいということが理由として挙げられます。しかし、AI生成のイラストは描かれるものはきれいですが、色のコントラストや視線誘導などを利用した「何を魅せるか」という点はうまく表現されていないように感じます。そのため、「見てもらいたい部分を明確にする」という点を編集では大事にしたいと思っています。また、今回はNovelAIという誰でも使えるサービスを使っていますので、他の方と似通った生成結果にならないようにプロンプト構築を工夫しました。

制作ワークフロー

STEP 1　プロンプト構築とベースイラストの生成

　NovelAIで生成しますので、Stable Diffusionのように数百枚生成した中から選択するという方法が難しいです。そのため、プロンプトの構築にはしっかりと時間をかけて、完成イメージに近いものが生成されるように調整します。料金プランOpusであれば普通サイズ以下の生成はポイント消費なしで行えますので、普通サイズの生成でプロンプトを構築しながら、最終的には精細な描写が出来る大サイズで生成します。

STEP 2　加筆とimage2imageによる細部の修正

　ベースイラストを確認して、修正・追加する部分にペイントソフトで加筆してからimage2imageで描き換えます。ベースイラストには選ばなかった他の生成結果の良い要素も確認して取り入れます。

STEP 3　色の調整とトリミング

　全体の色の調整を行います。AIイラストは色やコントラストの表現は上手くないと感じています。そのため、明暗・濃淡のコントラストにより見せたい部分に視線を誘導することを意識して編集を行います。また、トリミング・回転を行い、見せたい部分を強調するように調整します。

STEP 4　エフェクトの追加

　主に光の表現を加えることで、人物と背景が一体となった臨場感を作ります。光の強弱や背景のボケ、シャープ処理による鮮明化などにより印象的な雰囲気を作りながら、見てほしい部分へ視線を誘導することも意識します。

STEP 1 プロンプト構築とベースイラストの生成

> 目安時間　作業：90分　生成：60分

● テーマの決定とベースイラストの作成

　今回は浴衣姿の女性と花火をテーマとし、人物と背景が一体となったイラストの制作を行います。NovelAIは高品質な画像生成が行えますが、Stable Diffusionと比較するとimage2imageやインペイントの機能についてはパラメータ調整などの機能が限られており、緻密な描き換えを行うのが難しい場合があります。そのため、text2imageの段階で完成度を高めるようにプロンプト構築するのが重要と考えており、最も時間を掛けたいステップです。プロンプトは以下のように構築して生成を行い、いくつかの候補からfig.01をベースイラストとして制作を進めることにしました。

fig.01

fig.02

fig.03

― プロンプト
{best quality, amazing quality}, very aesthetic, absurdres, {highres}, detailed, [watercolor (medium)], colored pencil (medium), {colorful}, [concept art], {depth of field}, blurry foreground, 1girl, {adult}, [androgynous], [tall], medium breasts, silver hair, short ponytail, {eyelashes}, cowboy shot, {flower pattern yukata}, open mouth, teeth, fireworks background, perspective, dutch angle, [night], dusk, [dappled sunlight], alley, horizon, fence, wind, [petals], [flower]

― 除外したい要素
{{worst quality}}, {bad quality}, {very displeasing}, displeasing, {lowres}, {jpeg artifacts, unfinished, 3d, octane render}, {loli, child, teenage, petite}, tareme, [cute, kawaii], pale skin, {bad}, chromatic aberration, [abstract], watermark, signature, username

― パラメーター
ステップ：28 / プロンプトを反映する正確度：8 / シード値：2163029304 / サンプラー：Euler Ancestral / SMEA：ON / DYN：OFF / プロンプトを反映する正確度の再調整：0 / ノイズ設定：native

● プロンプト構築のテクニック

続いてプロンプトの意図について説明します。NovelAIには美的タグ（Aesthetic Tags）という、美しさをレベル分けした独自のタグがあります。透明感・空気感のような言葉にするのが難しい雰囲気出せるもので、very aestheticのようなタグを使用すると印象的なイラストとなります。この効果は背景を描くイラストにはとても相性が良いため、クオリティタグと同様にプロンプトのできるだけ前に記述しています。

🔗 NovelAI Documentation Tagging Aesthetic Tags
https://docs.novelai.net/image/tags.html#aesthetic-tags

絵柄は主に制作媒体タグ（Medium Tags）watercolor (medium), colored pencil (medium)とcolorfulにより作っています。水彩画・色鉛筆画のような温かさのある雰囲気を目指しました。

また、花火のような遠くにある物を描くにあたって、前後の奥行を感じられるようにしたかったため、depth of field, blurry foregroundを使っています。前景を置きながらボケ感を取り入れて、写真で撮った時のようなリアル感を少し出そうとしました。そして、perspective, dutch angleは、こちらに迫ってくる効果や画面を傾斜させる効果があるため、単調な構図にならないように使っています。

夏を連想するイラストに宙を舞う花びらはそぐわない感じもありますが、wind, petalsのようなタグは動きや華やかさを加えてくれます。duskは夕暮れの空のグラデーション、dappled sunlightは木漏れ日のまだらな光を表すものですが、本来とは異なるシーンで使った場合でもイラストを幻想的にするのを助けてくれるため、よく使っています。

さらにNovelAIでは、設定により品質タグや除外したい要素が自動で追加されるようになっています。これらの内容でも良い生成結果が得られますが、私はより自分好みにするために設定をオフにした上で、best qualityなどを使ったタグ群を自分で構築してプロンプト入力欄に直接入力しています。

fig.04

● **SMEA を利用して調整する**

　サンプラーの設定では SMEA にチェックを入れています。高画質生成でのまとまり・品質を向上するものと説明されており、描画が精細になります。fig.7 は SMEA を使用せずに生成したものです。細部の描写が少なくなって平面的な印象ですが、明瞭さが強くなっており、求める画風に応じて使い分けたい機能です。

fig.05

fig.06　fig.07

▲作例とは別のシード値でのSMEA設定ありなしの比較。プロンプトやシード値が同一でも細部の描写や画風に違いが生じます。

STEP 2
加筆とimage2imageによる細部の修正

⏱ 目安時間　作業：40分　生成：20分

● ベースイラストに加筆する

ベースイラストとして選んだfig.1に加筆とimage2imageを行います。このイラストは花火が人物の背後にあって人物を大きく描けており、人物と背景の大きさのバランスが良いと感じました。浴衣のおはしょりと呼ばれる腰部分の折り返しも描かれるなど、全体的に破綻のない出来映えです。そのため、人の手での加筆は ❶鼻頭に光を追加 / ❷fig.2からりんご飴を切り出して貼り付け / ❸左手の破綻を修正、となりました。

fig.08

● image2imageで馴染ませながら差分を作成する

次にimage2imageにより、加筆箇所を馴染ませる調整を行います。他のイラストから貼り付けたリンゴ飴・手が馴染ませたい部分です。修正が局所的なためインペイントでも良いのですが、NovelAIのインペイントは変更強度が固定で高く設定されているようで僅かに変化させて馴染ませることが難しいです。そのため、代わりにimage2imageで強度を低めに画像全体を描き換

えてから必要な個所を切り出して元のイラストに貼り付ける作業を行います。

この場合のimage2imageの強度は0.1です。image2imageの生成結果からfig.10のように右手とリンゴ飴の部分を切り出して、元のイラストに貼り付けました。この際に周囲を消しゴムで半透明にしておくと、より自然な仕上がりになります。

fig.09

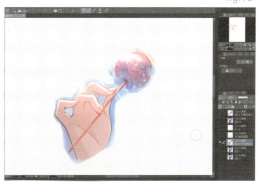
fig.10

111

ちなみに、image2imageは強度の数値に応じて使用するAnlasが変わります。今回の環境ではインペイントで30消費しますが、image2imageであれば強度0.1で3消費、強度0.5でも15消費です。今回行ったような修正箇所を切り出して貼り付ける数が多いほど、さらにお得に修正が行えることになります。

最後にペイントソフトでネイルの描き込みも行って、イラストの修正は完了となります。

fig.11

STEP 3 色の調整とトリミング

⏱ **目安時間** 作業：20分

● 人物の明暗のコントラストと彩度を調整する

イラストが華やかに見えるようにPhotoScapeで色の調整を行います。AI生成しただけのイラストでは全体のメリハリがないために、どこを見てもらいたいかという部分をうまく表現できないと感じます。fig.11は淡い色となっており、花火や浴衣が目立たず、何となく全体の雰囲気が良いというだけの印象です。そのため、明暗のコントラストと彩度により、明るさ・鮮やかさのバランスを調整しました。

fig.11（再掲）

fig.12

全体的に暗めに調整して、夜空で花火が鮮やかに見えるように彩度と色温度を調整しました。また、花火による逆光が感じられるように明暗の調整を行いつつ、HDR処理を利用して白とびや黒つぶれのない自然な見た目になるように注意を払いました。

🔗 **PhotoScape X**
https://apps.microsoft.com/detail/9nblggh4twwg

fig.13
◀PhotoScapeでは左のように調整しました。

また、この調整の時に花火の逆光でもともと暗くなっている人物部分の暗さがさらに強くなりました。特に浴衣部分は暗すぎて逆に目立ってしまっていると感じたため、全体の雰囲気に馴染んで自然に見えるように、マスクを作成し少し明るくなるように調整しています。

● トリミングで強調する

　そして、トリミングにより要素の強調を行います。このイラストからは、小さな子が花火とお姉さんを見上げているシーンを思い浮かべましたので、「綺麗な人物と花火が視界いっぱいにある様子」と「下から大きく見上げている様子」を表現しようとしました。したがって①拡大により人物と花火を大きく表示して目立たせる/②右回転によりフェンスの傾斜を強めて、構図のダイナミックさを強める。このように手を加えていきます。

fig.14

fig.12（再掲）

fig.15

STEP 4 エフェクトの追加

⏱ 目安時間　作業：20分

● 玉ボケを使って視線を誘導する

　最後にPhotoScapeでエフェクトを追加して幻想的に見せると共に見せたい部分への視線誘導を行います。エフェクトとしては、ビネット、色収差、レンズフレアや光源などを利用することがあります。今回は玉ボケを使うことにより、画面下側を曖昧にすることで印象を弱めて、上側への視線誘導を狙います。まず玉ボケエフェクトを追加してfig.16のようにします。

fig.16

fig.17

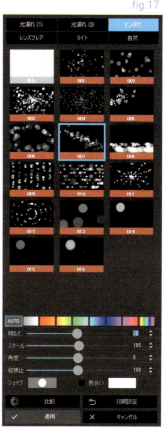

▲玉ボケエフェクトはこのように調整しています。

次にfig.18のように人物の前面にある玉ボケを消去します。これにより、玉ボケエフェクトが人物の背後にあるように見え、光が幻想的になりました。フェンスなどに玉ボケが掛かってぼんやり見えるようになったことで、より見せたい部分である人物の上半身や花火に視線が向くようになったと思います。

fig.15（再掲）

fig.18

● シャープ処理で視線を誘導する

さらに花火にはマスクを作成し、シャープ処理を行います。イラストの下部をボケさせたのとは対照に上部は鮮明にすることで花火や顔周辺に視線が向くことを狙いました。

fig.19

fig.20 fig.21

▲ シャープ処理による見え方の違い。花火がより鮮明に見えるようになった。

　以上で完成となります。text2imageの生成結果であるfig.01、加筆・image2imageによる修正を行ったfig.11、色調整、エフェクト追加を行ったfig18の各ステップを経て、元のイラストを活かしつつも見せたい部分を強調した見映えの良いイラストになったと思います。

fig.01（再掲） fig.11（再掲） fig.18（再掲）

117

☞ Key Prompt

(best quality, masterpiece:1.1, (highres, high resolution:1.1, extremely detailed, <lora:flat2:-0.2>, (fantasy:1.2, (2D illustration:1.4, (lineart:1.4, (colored pencil ¥(medium¥:1.3, (graphics:1.3, (watercolor ¥(medium¥, Analog Illustration:1.1, (hatching ¥(texture¥, graphite ¥(medium¥:1.2, (outline:0.9, BREAK 1girl, solo, (adult:1.3, 22 years old, wolf girl, (wolf ears:1.1, (gyaru:0.8, cool, (sexy:0.7, (eight heads tall, tall female, tall stature:1.1, [(skinny:0.8, (narrow waist:0.4:(medium breasts:0.8:0.4], (shiny skin:0.9, [(silver hair:1.1|silver hair|(blonde hair:0.1], [(short hair:1.1:(medium hair:0.9:0.6], ponytail, wavy hair, wolf cut, sidelocks, (ahoge:0.9, beautiful large eyes, yellow eyes, tsurime, <lora:sanpaku-eyes-v2:0.6>, sanpaku, eyelashes, (looking to the side:0.6, (casual:1.1, tank top, cardigan, long sleeves, plaid skirt, boots, (full body:1.1, (dutch angle:1.4, forest, dappled sunlight, (ocean view:1.1, (dark theme:0.9, (lighting:0.9, light rays, light blush, (blurry foreground:1.2, petals, autumn leaves, wind, with black cat

▶ **Key Prompt**

best quality, masterpiece, highres, <lora:add_detail:0.4>, ultra-detailed, extremely detailed, illustration, (lofi:1.4, retro artstyle, fantasy, folklore, (nostalgia wolf:0.6, (traditional media:0.9, (oil painting ¥(medium¥:0.8, 1girl, solo, (adult:1.4, 22 years old, wolf girl, wolf ears, (gyaru:0.8, (tall female:0.6, skinny, (medium breasts:0.8, silver hair, medium hair, half updo, (ahoge:0.9, (detailed tsurime:0.9, dark yellow eyes, <lora:sanpaku-eyes-v2:0.6>, sanpaku, (shiny skin:0.6, casual, sleeveless, turtleneck, white shirt, black pants, (lowleg, lowleg pants, low rise pants:1.1, (groin:1.2, belt, leather boots, yellow hair ribbon, (silhouette background:1.2, (street, Stylish cafe:1.3, (awning:0.9, tower, depth of field, European cityscape, (alley, overgrown, ivy:0.4, blue sky, cloud, far away light, (flower foreground, blurry foreground:1.2, smile jumping

File **04**

シトラス（柑橘系）

https://twitter.com/AI_Illust_000

制作環境：スマートフォン　Xperia 5 IV
普段使用する画像生成AI：NovelAI/niji・journey/DALL・E3
普段使用するソフトウェア：ibisPaint / Canva
使用デバイス：スマートフォンのみ

—— **作風について**

私自身の抱える統合失調症という障害や、それが
もたらす不安や幻覚、認知の歪みをテーマに制作
する事が多いです。生成AIによって生じる細部の
破綻をあえて生み出したり、ベースとなるイラス
トが変化する過程で生まれる歪さを残したイラス
トをよく作ります。綺麗な部分と醜い部分を併せ
持った作風を目指しています。

—— **制作上のコツや意識していること**

スマホ制作の利点でもあるのですが、日常の中で
なにかを感じ取ったその場で制作したり、それが
難しい時は忘れないうちにメモに残すようにして
います。後から思い返してみると冷静になってし
まい、その瞬間の感情というものは薄れてしまい
ますので……。また、手の震えやこわばりが出る
事があるほか、作業環境がスマホのみと限られた
手段の中で制作しています。そのため、自身の能
力や環境でどんな手法が可能で、なにができない
のかを模索しています。

—— **画像生成AIによってよくなった事や**
　　今後、画像生成AIに対する期待すること

画像生成AIでよくなった事は、私個人の持つイメー
ジをイラストという形にできるようになった事で
す。将来的には文字通り誰もが自身の持つイメー
ジを形にする事で、言語を超えたコミュニケーショ
ンが取れるようになったら、夢があると思います。

完成作例

● 全体の流れや制作に至るまでの思考

今回の手法は幾何学模様の並ぶイラストをimage2imageで描き替えて、少女のイラストに変化させるというものになります。その過程で、画像を参照する事で参照元の質感や画風などの特徴を模倣する、バイブストランスファーというNovelAIの機能を用いて、絵柄を調整していく流れとなります。完成するイラストとは別に、制作過程で必要となる画像が何枚かありますので、右のように呼び分けを行っています。

- **構図指示用イラスト**
  image2imageを通して少女のイラストに変形させるベースとなるイラスト。このイラストの配色や構図を直接利用して少女のイラストを制作します。

- **質感指示用イラスト**
  バイブストランスファーで参照し、画材やイラスト全体の質感を模倣するためのイラスト。

- **作風指示用イラスト**
  バイブストランスファーで参照し、幾何学模様とアニメのような表現が融合した作風に調整するためのイラスト。

制作ワークフロー

STEP 1　テーマ決定

まずは制作テーマを考えます。テーマの決定以上に、そのテーマの表現のためになにが必要かの整理で苦労します。AIを使って制作に必要な画像を作る場合も、どのモデルがどんな表現が得意で不得意なのか把握しておく必要があります。

STEP 2　構図指示用イラスト＋質感指示用イラスト作成

niji・journeyでこの後利用する指示用のイラストを作成します。ここでは出力されたイラストの評価基準を意識するようにしています。綺麗だなと思った理由に説明がつけば、それを他のイラストの制作に繋げられると思っています。

STEP 3　作風指示用イラスト作成

主題となる作風指示用イラストを作成します。この用途に関してはとにかく数とバリエーションが欲しく、出力待ちの時間も長いです。そのため日常的に思いついた表現は形にしてストックを作るようにしています。

STEP 4　イラスト仮出力

ここからはNovelAIの機能を利用して画像を生成していきます。意外と見落としがちなのが出力する画像サイズと縦横比の設定です。小さいサイズだと出力が早いのも利点ですが、画像サイズと縦横比によって出力される表現も変わってきます。

STEP 5　質感調整

NovelAIの機能を利用して調整を続けていきます。バイブストランスファーでは参照するイラストによって大きく出力結果が左右されます。写真などを用いると写実的な表現に偏ってしまったり、記号や人物が描かれている場合にそれを描こうとしたりイメージに引っ張られてしまう事が起こります。その場合は参照するイラストを別のものに変えたり、原因となる記号を塗りつぶすなど加筆・加工して再度試します。

STEP 6 アウトペインティング

拡張する際の被写体の顔の位置が特に重要だと考えています。目と髪を描く位置だけ決まれば、ある程度はそれに合わせた自然な構図に仕上がります。

STEP 7 イラスト本出力

STEP 4、STEP 5 と同様の手順で出力と調整を繰り返していくのですが、出力サイズが大きくなった事で描写される傾向に変化がないか観察します。まれにですが、人物の胴体や足が長く描かれてしまったりすることがあります。その場合はアウトペインティングでの構図作りステップからやり直します。

STEP 8 加筆

私よりも圧倒的にAIの方がイラストが上手いので、加筆した痕跡ができるだけ残らないよう心掛けています。ブラシの太さや色が均一にならないよう設定したり、ゆがみペンやコピーペンを用いて最小限の修正に留める事が多いです。

STEP 1 テーマ決定

🕐 目安時間　作業：30分

● 制作するテーマと手法を考える

制作するイラストのテーマはその時々で見たり、感じたりした事をイラストや視覚的な表現に落とし込む事が多いです。今回は動画のトランジション（切り替え）のように世界が切り替わっていく様子をイメージして作ろうと考えました。ここでは幾何学模様のイラストを先に用意して、それをベースにimage2imageで少女の形に変形させる手法を取ります。

この手法の利点は幾何学模様の持つ色や記号の並びという、純粋な見た目の美しさをイラストに落とし込める点です。

fig.01

fig.02

STEP 2 構図指示用イラスト＋質感指示用イラスト作成

> 目安時間　作業：20分　生成：1時間

○ niji・journeyによる指示用イラストの作成

まずはniji・journeyでさまざまな模様が並んだイラストを生成します。niji・journeyはプロンプトの理解力が高く、言葉で説明するように入力する事で命令に近いイラストが出力できます。

プロンプトは日本語で入力しても自動翻訳した上で理解してくれます。ですが、自動翻訳される事で文章や単語自体の意味が変わってしまう場合は、自分で翻訳して入力することで回避します。

fig.03　　　fig.04

— **Prompt & Parameters**

A pattern of geometric triangles and squares in pastel pink, blue and purple colors with galaxy-like stars and splashes of paint in the background. --niji 6 --style raw

125

幾何学模様のようなパターンになったイラストをベースに image2image する際のイラストの見方は、模様がどんな配置で並んでいるかの確認です。モノクロや2値化してみるとどんな配置になっているか見分けやすいかと思います。image2image はベースとなる画像の色を利用するため、色のハッキリとした（fig.06 で黒くなっている）部分は image2image で変形させた後でも陰影や配色になって残りやすいです。

　この模様の並びが出力されるイラストの構図や、鑑賞する際の視線に影響します。目線で追いかけた際の眼球の動きが滑らかだと、情報量の多いイラストでも見やすく感じる仕上がりになると私は考えています。模様の並びや配色の美しさ、実際に見た時の視線の滑らかさから fig.05 のイラストを第一候補としました。

fig.05

fig.06

● 構図指示用イラストの色調と
　サイズの調整

　この段階で一度、アイビスペイントを用いて色とサイズの調整を行います。後のステップで使用するNovelAIの普通サイズである横832px　縦1216pxに合わせてパレットを作成し、イラストを加工します。全体的に明るすぎる印象がありましたので、外側にガウスぼかしとぼかしフレームを配置して全体の明るさにメリハリをつけています。

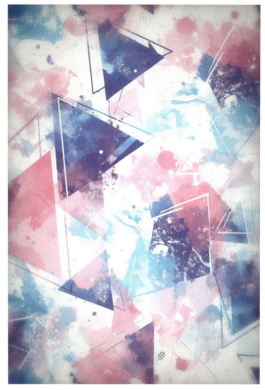

fig.07

● niji・journeyによる質感指示用
　イラストの作成

　そしてもう1枚、AIに質感を再現させるためのイラストも用意しておきます。こちらは絵の具をスパッタリングしたような模様が特徴として見て取れるものを候補としました。質感を再現する用途で画像を選ぶ際はできるだけテーマと無関係な要素が映り込んでいない画像を選ぶよう意識します。

fig.08

STEP 3

作風指示用イラスト作成

> 🕐 **目安時間**　作業：5分　生成：1時間〜3時間

● niji・journeyによる
　作風指示用イラストの作成

　次に制作するイラストの作風を指示するためのイラストをniji・journeyで出力します。テーマ的に関連性の高い、キュビズム表現とアニメ風のイラストが融合したようなイラストを作ります。

--- **Prompt & Parameters**
アニメ、キュビズム表現で描かれた長い黒髪の少女、幾何学模様、抽象的、メンフィスデザイン、記号の組み合わせで描かれた --s 250 --niji 6 --style raw

fig.09

　出力された中から自身のイメージに近いものを何枚かピックアップして、候補として使用します。今回の制作ではスムーズにいきましたが、イラストとの相性によって、後のステップで実際に出力する際に正常に構成要素が模倣されない事があります。そのため、あらかじめ候補を何枚か用意しておくと出力段階で上手くいかなかった時にスムーズに切り替えができます。

fig.10

STEP 4 イラスト仮出力

🕐 **目安時間** 作業：30分　生成：5分

● Novel AIのimage2imageとバイブストランスファーを使い分ける

　一通り必要なものが揃ったので、ここからはNovelAIを用いて作業を進めます。NovelAIはアニメ風のイラストに特化したサービスで、image2imageやバイブストランスファーといったイラストの出力を補助する機能が充実しています。ここで簡単にNovelAIのimage2imageとバイブストランスファーの強度について説明します。image2imageはベースとなるイラストを元に出力する機能で、強度が低いと元のイラストの形を保った出力に、強度が高いと元のイラストから変化した出力になっていきます。バイブストランスファーは参照した画像の質感や特徴を真似して描く、描かれるイラストの作風などの方向性を指示する機能です。

　ここからはimage2image、バイブストランスファー、プロンプトの3つの方法でAIに指示を出して、出力と調整を繰り返しつつイラストを仕上げていく流れとなります。プロンプトは今回のワークフローでは、AIがどんな方向性で描けばいいか迷わないための指示の役割を持ちます。NovelAIではタグと呼ばれる言語で指示を出し、タグには画像構成、年代、身体構成、服装、色などのさまざまな区分で情報が整理されています。また、基本的には手前に置かれたタグほど優先度が高いです。ここでは実際に使用したタグの役割についていくつか解説します。

NovelAIのタグ例
Rating:general：全年齢対象かつ性的な表現を含まないイラストの要素を示すタグです。
Abstract：抽象絵画や抽象的な表現の要素を示すタグです。
Paper cutout：紙を用いた切り絵表現を示すタグです。
Double exposure：二重露光に関連するタグで、被写体、背景、エフェクトなどの複数の要素が一枚の絵の中に重なるように描かれます。

● image2imageとバイブストランスファーを併用して生成する

　それでは STEP 2 で作った構図指示用イラスト fig.07 を image2image に、 STEP 3 で作った作風指示用イラスト fig.10 をバイブストランスファーにセットします。image2image側の強度は私の体感ですが、強度0.9を超えたあたりからベースとなるイラストの原型がわからないくらいに変化が激しくなります。今回はベースとなる幾何学模様の形を残したいので、0.85前後で微調整しながら出力を繰り返します。

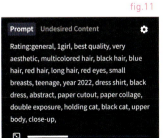

fig.11

fig.12

fig.13

幾何学模様の配置に沿って被写体が出力されたら、一度イラストを保存します。

fig.14

― プロンプト

　Rating:general, 1girl, best quality, very aesthetic, multicolored hair, black hair, blue hair, red hair, long hair, red eyes, small breasts, teenage, year 2022, dress shirt, black dress, abstract, paper cutout, paper collage, double exposure, holding cat, black cat, upper body, close-up,

― 除外したい要素

NSFW, worst quality, very displeasing, bad image, lowres, bad anatomy, bad hands, text, error, missing fingers, extra digit, fewer digits, cropped, worst quality, low quality, normal quality, twintails, smile, happy, angry, open mouth, @_@, animal ears, large breasts, rating:sensitive, earring, ahoge, ear,

― パラメーター

画像サイズ：832x1216 ／ シード値：3758826999 ／ ステップ：28 ／ サンプラー：k_euler_ancestral（native）／ プロンプトを反映する正確度：5.5 ／ プロンプトを反映する正確度の再調整：0.1 ／ 除外したい要素の強さ：1

STEP 5 質感調整

目安時間 作業：20分　生成：20分

● さらにimage2imageとバイブストランスファーを併用した生成を繰り返す

STEP 4 で保存したイラスト fig.14 を image2imageに、STEP 2 で作成した質感指示用イラスト fig.08 をバイブストランスファーにセットして再度生成します。image2imageとバイブストランスファー双方の強度を下げていき、元のイラストの構図や形状を保ちつつ、銀河のような質感が現れる強度の組み合わせを探ります。何度か出力を繰り返し、image2image強度0.75、バイブストランスファー強度0.4で出力が安定しました。

fig.15　　　　　　　fig.16　　　　　　　fig.17

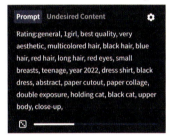 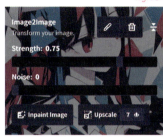 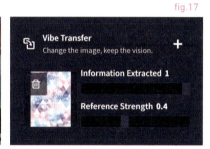

fig.18

― プロンプト

Rating:general, 1girl, best quality, very aesthetic, multicolored hair, black hair, blue hair, red hair, long hair, red eyes, small breasts, teenage, year 2022, dress shirt, black dress, abstract, paper cutout, paper collage, double exposure, holding cat, black cat, upper body, close-up,

― 除外したい要素

NSFW, worst quality, very displeasing, bad image, lowres, bad anatomy, bad hands, text, error, missing fingers, extra digit, fewer digits, cropped, worst quality, low quality, normal quality, twintails, smile, happy, angry, open mouth, @_@, animal ears, large breasts, rating:sensitive, earring, ahoge, ear,

― パラメーター

画像サイズ：832x1216/ シード値：2143319602 / ステップ：28 / サンプラー：k_euler_ancestral（native）/ プロンプトを反映する正確度：5.5 / プロンプトを反映する正確度の再調整：0.1 / 除外したい要素の強さ：1

アウトペインティング

🕐 目安時間　作業：15分

● **視線の流れを考えながら構図を調整する**

　イラストをより大きいサイズに拡張するために、イラストの外側を描いていきます。アイビスペイントで横1024px 縦1536pxで新規作成します。これまでに使用した幾何学模様のイメージや仮出力の際に採用されなかったシード値のイラストをつなぎ合わせ、視線の流れがどうなるかイメージしながらサイズを拡張しています。ここでは猫のシルエットがやや右寄りになるよう、繋ぎ合わせるように配置しています。

fig.19

fig.20

fig.21

STEP 7 イラスト本出力

⏱ 目安時間　作業：30分　生成：30分

● 再びimage2imageとバイブストランスファーを併用して生成する

STEP 4～5と同様の手順を繰り返して、全体の構図を作った後に質感を微調整していきます。被写体の位置関係と構図が既に出来上がっているためバイブストランスファー側には質感指示用イラスト fig.08 をセットして出力します。この段階まで来ると、少女と猫の位置関係はそのままに細部の異なるイラストが出力されます。出力されるイラストの構図が定まったら一度保存をします。

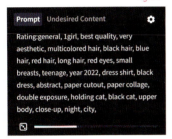
fig.22

fig.23

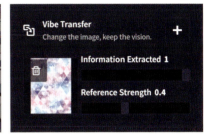
fig.24

fig.25

― プロンプト
Rating:general, 1girl, best quality, very aesthetic, multicolored hair, black hair, blue hair, red hair, long hair, red eyes, small breasts, teenage, year 2022, dress shirt, black dress, abstract, paper cutout, paper collage, double exposure, holding cat, black cat, upper body, close-up, night, city,

― 除外したい要素
NSFW, worst quality, very displeasing, bad image, lowres, bad anatomy, bad hands, text, error, missing fingers, extra digit, fewer digits, cropped, worst quality, low quality, normal quality, twintails, smile, happy, angry, open mouth, @_@, animal ears, large breasts, rating:sensitive, earring, ahoge, ear,

― パラメーター
画像サイズ：1024x1536 / シード値：4030290011 / ステップ：28 / サンプラー：k_euler_ancestral（native）/ プロンプトを反映する正確度：5.5 / プロンプトを反映する正確度の再調整：0.1 / 除外したい要素の強さ：1

● image2imageによる微調整を行う

最後の微調整に image2image 側に先ほど作ったイラスト fig.25 をセットし、強度を調整しながら出力を繰り返します。少女の動作や表情はプロンプトで調整ができますが、猫の仕草は残念ながら制御できません。これは NovelAI では少女の動作を表すタグ付けは豊富に学習されているのに対して、猫の動作を表すタグが少ない、もしくはそもそも存在しないためだと予測しています。出力を繰り返す際は、出力したい要素の学習がどれくらいの範囲でされているか予測を立てながら行いましょう。最終的に出力されたイラストが fig.29 になります。

fig.26　　fig.27　　fig.28

fig.29

― プロンプト
Rating:general, 1girl, best quality, very aesthetic, multicolored hair, black hair, blue hair, red hair, long hair, red eyes, small breasts, teenage, year 2022, dress shirt, black dress, abstract, paper cutout, paper collage, double exposure, holding cat, black cat, upper body, close-up, night, city,

― 除外したい要素
NSFW, worst quality, very displeasing, bad image, lowres, bad anatomy, bad hands, text, error, missing fingers, extra digit, fewer digits, cropped, worst quality, low quality, normal quality, twintails, smile, happy, angry, open mouth, @_@, animal ears, large breasts, rating:sensitive, earring, ahoge, ear,

― パラメーター
画像サイズ: 1024x1536 / シード値: 4201552006 / ステップ: 28 / サンプラー: k_euler_ancestral (native) / プロンプトを反映する正確度: 5.5 / プロンプトを反映する正確度の再調整: 0.1 / 除外したい要素の強さ: 1

STEP 8 加筆

目安時間 作業：20分

● 仕上げの加筆を行う

　最後の仕上げとしてアイビスペイントで加筆を行います。AIイラストの特徴として一見すると一色でムラなく塗られている面もノイズ状の色のムラが出ている事があります。加筆する際は色や線が均一だと加筆跡が非常に目立ちやすいです。私はエアブラシ（粒子）を太さがランダムになるようにカスタムしたものを好んで使っています。今回は使いませんでしたが、他にはゆがみペンとコピーペンという機能がAIイラストの加筆に重宝します。少女の瞳を加筆して、無感情で冷めた目つきに整えて完成です。

fig.30

fig.31

▲瞳の加筆では「無邪気な猫と対比する構図として、世界が変わっていく様子に無為な感情を抱くだけの少女であってほしい。」という考えを表現しています。

Key Prompt

1girl, glitch, surreal, from side, blue hair, profile, collage, static, film_grain, colorful, yami kawaii, cute, amazing quality, very aesthetic, flower field, blue flower, purple flower, hydrangea, rain, umbrella, double exposure, closed eyes,

Key Prompt

crayon (medium), Rating:general, 1girl, 1other, white hair, short hair, messy hair, grey eyes, white dress, off shoulder, loli, medium breasts, upper body, light smile, solo focus, very aesthetic, great quality, absurdres, {{behind another}}, ghost, abstract background, {{psychedelic art}}, surreal, hug from behind, reach-around, {{restrained}}, strangling, rose, thorns, plant, vines, overgrown, looking down

File **05**

あいきみ

https://x.com/AiWithYou1

制作環境 (OS/GPU)：Windows11/GeForce RTX 3090
普段使用する画像生成AI：Stable diffusion XL/ niji・journey/DALL-E/NovelAI
使用するソフトウェア：Stable-Diffusion-webui-forge/Topaz Photo AI/Lama Cleaner
使用デバイス：デスクトップPC/iPhone/iPad Pro

―― 作風について

基本的にはリッチな背景と白髪少女のイラストが
多いです。Chibiキャラも好きでラインスタンプも
出しています。新しいことが好きなのでいろいろ
試したりもしたりしています。

―― 制作上のコツや意識していること

自分ができること、やりたいこと以外をAIに任せ
たり、任せられるようにしたりすることです。

―― 画像生成AIによってよくなった事や
　　今後、画像生成AIに対して期待すること

創作のハードルが下がったことによりいろいろ世
に出しやすくなった気がします。自分も同人誌を
作ってみたり、Kindleに出版してみたり、ライン
スタンプやディスコードのスタンプなど作ってみ
たりして楽しんでいます。去年は全ページフルカ
ラーイラスト付きの小説「AI need You」を作成し
ました。画像生成AIがないとなかなかできないこ
とだと思います。まだまだ画質としては低いので、
4k、8kと一発で綺麗な画像が生成できるように
なったらいいなと思っています。

完成作例

全体の流れや制作に至るまでの思考

今回は一枚の写真を用いて、NovelAIでベースを作成し、ローカル環境のStable Diffusionで仕上げる形をとります。そのためあまりプロンプトを考えずに、まずは写真の素材を生かしていきます。ベースは写真に任せつつ、NovelAIにランダム性を持たせた構図を作成してもらい、最終的にStable Diffusionで好きなスタイルに変換していきます。

制作ワークフロー

STEP1 NovelAIでベースを生成する

背景は写真に任せて、キャラのプロンプトを記述します。細部はローカルで仕上げるのでここでは気に入った構図を優先します。

STEP2 自分好みの画風に調整する

ローカル環境のStable Diffusionで生成します。Denoising strengthは低めに設定し、解像度を上げることで品質を向上させます。モデルやプロンプトは好みに応じてカスタマイズします。

STEP3 Inpaintで人物を再生成する

Inpaintで修正します。マスクを適用する範囲を限定し、重要な部分を集中して修正します。ガチャやプロンプトの微調整で詳細な部分を気に入るまで生成します。

STEP4 背景と全体バランスを整える

不要な部分を削除します。STEP 1の後に行ってもよいです。修正、再生成を繰り返すので、個々のSTEPは入れ替えたりループさせたりしてもよいです。

STEP5 タイル生成で解像度を上げる

ローカル環境のStable Diffusionを利用したアップスケールの際にはVRAMと共有メモリの使用量を考慮します。Denoising strengthを適切に設定し、大きな変化を避けることが重要です。

STEP6 仕上げ

意図しない生成物を削除します。lama cleanerは軽量で使いやすいので、最終調整に適しています。

STEP 1
NovelAIでベースを生成する

🕐 **目安時間** 作業：20分　生成：20分

● NovelAIに写真を読み込ませて画像を生成する

まず、題材となる写真を選びます。今回は旅行で訪れた塩原温泉付近の「竜化の滝」の写真を使用します。制作に写真を活用できると旅行での撮影が楽しくなるから良いです。

fig.01

この写真をNovelAIにドラッグ＆ドロップします。すると、この画像を元に生成するか（img2img）、この画像の「情報」を元に生成するか選ぶことができます。今回は後者の「情報」を元に生成する機能（バイブストランスファー）を使います。NovelAIのバイブストランスファー機能は、画像の特徴を抽出し、そこから新たな画像を生成する技術です。これにより、オリジナル画像の雰囲気を保持しつつ、新しい要素を追加することができます。例えば、元の画像の滝の情報を保ちながら、プロンプトによって異なるキャラクターやオブジェクトを追加することが可能です。

fig.02

画像から分析できる特徴　＋　プロンプトで指定する特徴

（1人の少女）1girl
（灰色の瞳）gray eyes
（白髪）white hair
（滝）waterfall
（黒いゴシックドレス）gothic black dress
（はだし）barefoot

▲ NovelAIではなくローカルのStable Diffusionを使用する場合、似た機能に「reference-only」や「IP-Adapter」があります。これらのツールも、元の画像の特徴を抽出し、それを元に新たな画像を生成するのに役立ちます。これらのツールを使用することで、独自のローカル環境で画像生成が可能になります。

滝を題材に、ゴシックドレスを着た白髪少女を作成するためのプロンプトを記述し、生成を開始します。プロンプトには、具体的な指示や希望するスタイルを明確に記載することで、より理想的な結果が得られます。例えば、「美しい白髪の少女がゴシックドレスを着て滝の前に立っている」という具体的なイメージをプロンプトに盛り込むと良いでしょう。しかし今回はNovelAIに任せたいのでプロンプトはシンプルな情報のみ記述しています。何度か生成を繰り返し、STEP 2 でのimg2imgの元となる画像fig.02を取得します。この段階では、理想のイメージに近づけるために、複数回の生成と評価を行うことが重要です。

fig.03

― プロンプト
1girl, gray eyes, white hair, waterfall, gothic black dress, barefoot, {{best quality, very aesthetic, intricate details}},

― 除外したい要素
{{{bad quality, worst quality, displeasing}}}, lowres, {{incomplete}}, username, watermark, logo

― パラメーター
Steps: 28, Sampler: Euler a, CFG scale: 8.0, Seed: 3847082082, Size: 832x1216, Clip skip: 2,

STEP 2
自分好みの画風に調整する

> 目安時間 　作業：5分　生成：10分

● Stable Diffusion WebUI-Forge で生成する

　fig.03 を Stable Diffusion WebUI-Forge にドラッグし、img2imgを行います。使用するモデルはAnimagine XL 2.0をベースにしたマージモデルです。アップスケールおよび構図はそのままに、画風はモデルが持つものにします。Denoising strengthを低めに設定し、解像度を2.5倍にします。生成された画像がfig.04です。

fig.04

— **Prompt**
1girl, gray eyes, white hair, waterfall, gothic black dress, barefoot,

— **Negative prompt**
unaestheticXL_Alb2, lowres, bad anatomy, bad hands,

— **Parameter**
Steps: 30, Sampler: DPM++ 2M Karras, CFG scale: 4.5, Seed: 4272466086, Size: 2080x3040, Model hash: edb184fcf2, Model: 0120_AikimiSpecial, VAE hash: 551eac7037, VAE: sdxl_vae.safetensors, Denoising strength: 0.45, Clip skip: 2, ControlNet 0: "Module: InsightFace+CLIP-H (IPAdapter), Model: ip-adapter_xl [4209e9f7], Weight: 0.6, Resize Mode: Crop and Resize, Processor Res: 0.5, Threshold A: 0.5, Threshold B: 0.5, Guidance Start: 0, Guidance End: 0.6, Pixel Perfect: True, Control Mode: Balanced, Hr Option: Both", ControlNet 1: "Module: InsightFace+CLIP-H (IPAdapter), Model: ip-adapter_xl [4209e9f7], Weight: 0.6, Resize Mode: Crop and Resize, Processor Res: 0.5, Threshold A: 0.5, Threshold B: 0.5, Guidance Start: 0, Guidance End: 0.6, Pixel Perfect: True, Control Mode: Balanced, Hr Option: Both", ControlNet 2: "Module: InsightFace+CLIP-H (IPAdapter), Model: ip-adapter_xl [4209e9f7], Weight: 0.6, Resize Mode: Crop and Resize, Processor Res: 0.5, Threshold A: 0.5, Threshold B: 0.5, Guidance Start: 0, Guidance End: 0.6, Pixel Perfect: True, Control Mode: Balanced, Hr Option: Both", TI hashes: "unaestheticXL_Alb2: 6c1c4cfa35e9, unaestheticXL_Alb2: 6c1c4cfa35e9", freeu_enabled: True, freeu_b1: 1.4, freeu_b2: 1.3, freeu_s1: 0.8, freeu_s2: 0.2, Version: f0.0.17v1.8.0rc-latest-276-g29be1da7

この段階では自分の好みに合わせたプロンプトやモデルを使用することで、さらに理想のイラストに近づけることができます。自分の場合、モデルをマージしたり追加学習を行うことで、シンプルなプロンプトで好みのイラストを生成できるようにしています。クオリティタグにトークンを使用せず、描写に使用したいためです。ネガティブプロンプトとして、Textual Inversionにはunaestheticxlを使っています。

🔗 **unaestheticXL**
https://civitai.com/models/119032/unaestheticxl-or-negative-ti

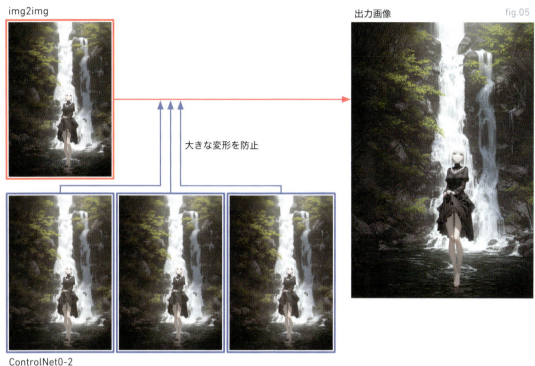

fig.05

ControlNet0-2
プリプロセッサ：InsightFace+CLIP-H (IPAdapter)
プリプロセッサモデル：ip-adapter_xl

● ControlNetを重ねて利用する

さらにControlNetの [InsightFace+CLIP-H]、[ip-adapter_xl.pth] は画像の要素を入れるためにおまじないとして弱めて入れて利用しています。 これらはimg2imgによる大きな変化を避けることが目的です。

[InsightFace+CLIP-H (IPAdapter)] は顔用のため、背景も描画されているイラストのimg2imgではあまり変わらないと思うので必須という訳ではありません。また、FreeUという拡張機能も使用しています。高品質化が可能といわれていますが、人によると思うのでこれもおまじないです。ControlNetもFreeUも拡張機能として公開されていますが、stable-diffusion-webui-forgeにはデフォルトで導入されています。

🔗 **tencent-ailab/IP-Adapter**
https://github.com/tencent-ailab/IP-Adapter

🔗 **ip-adapter_xl.pth**
https://huggingface.co/lllyasviel/sd_control_collection

🔗 **ChenyangSi/FreeU**
https://github.com/ChenyangSi/FreeU

STEP 3 Inpaintで人物を再生成する

🕐 **目安時間** 作業：5分　生成：10分

● Inpaintで人物の描き込みを調整する

　画像生成AIは、小さく描写されたものをうまく生成できないことが多いです。自分の場合、引きの構図が多いため、人の顔などが崩れることがよくあります。そこで、あとからfig.04の少女部分をマスク領域としInpaintすることによって再生成しています。

fig.06

　この時、Inpaint areaをWhole pictureからOnly maskedに変更します。これにより、再生成による参照がマスク領域のみに限定され、人の顔などが崩れにくくなります。Inpaintを利用し、顔を整えます。

fig.07

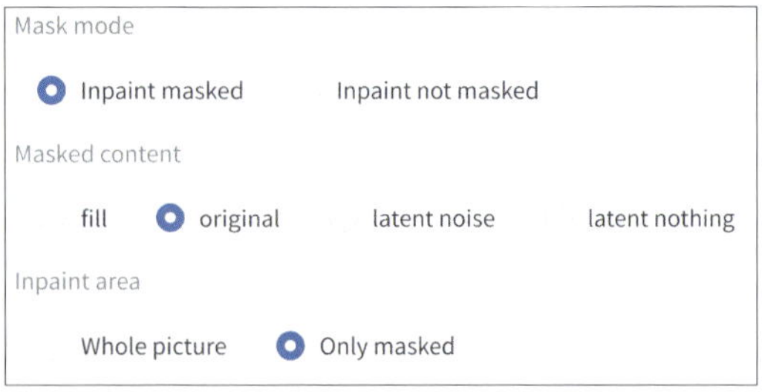

Inpaintを行う際に、特に顔や手などの細部や小物がうまく生成できない場合は、プロンプトの変更も考えましょう。例えば、「細かい顔のディテール」「柔らかな表情」「自然な肌の質感」などのキーワードを追加し、自分の好みを追及することができます。Inpaintの際にも複数回試行し、自分の好みの結果を得るまで繰り返しましょう。

fig.08

― **Prompt**
(anime:1.4),1girl,gray eyes,white hair,

― **Negative prompt**
unaestheticXL_bp5, (lips:1.2), (blush:1.2), (nose:1.2), (3D:1.2), lowres, bad anatomy, bad hands,

― **Parameter**
Steps: 30, Sampler: DPM++ 2M Karras, CFG scale: 4.5, Seed: 1828605072, Size: 1024x1168, Model hash: edb184fcf2, Model: 0120_AikimiSpecial, VAE hash: 551eac7037, VAE: sdxl_vae.safetensors, Denoising strength: 0.5, Clip skip: 2, ControlNet 0: "Module: InsightFace+CLIP-H (IPAdapter), Model: ip-adapter_xl [4209e9f7], Weight: 0.6, Resize Mode: Crop and Resize, Processor Res: 0.5, Threshold A: 0.5, Threshold B: 0.5, Guidance Start: 0, Guidance End: 0.6, Pixel Perfect: True, Control Mode: Balanced, Hr Option: Both", ControlNet 1: "Module: InsightFace+CLIP-H (IPAdapter), Model: ip-adapter_xl [4209e9f7], Weight: 0.6, Resize Mode: Crop and Resize, Processor Res: 0.5, Threshold A: 0.5, Threshold B: 0.5, Guidance Start: 0, Guidance End: 0.6, Pixel Perfect: True, Control Mode: Balanced, Hr Option: Both", Mask blur: 4, Inpaint area: Only masked, Masked area padding: 32, TI hashes: "unaestheticXL_bp5: ea3af2932609, unaestheticXL_bp5: ea3af2932609", freeu_enabled: True, freeu_b1: 1.4, freeu_b2: 1.3, freeu_s1: 0.8, freeu_s2: 0.2, Version: f0.0.17v1.8.0rc-latest-276-g29be1da7

STEP 4 背景と全体バランスを整える

目安時間 作業：20分　生成：20分

● Topaz Photo AIで背景を修正する

　Topaz Photo AIを使用して、人物以外の修正を行います。右側にある滝を消すためにRemove機能を使用します。

　納得がいくまで繰り返し、その他の気になる点もRemoveします。その後、Crop Controls機能を使って良い感じに切り抜きます。

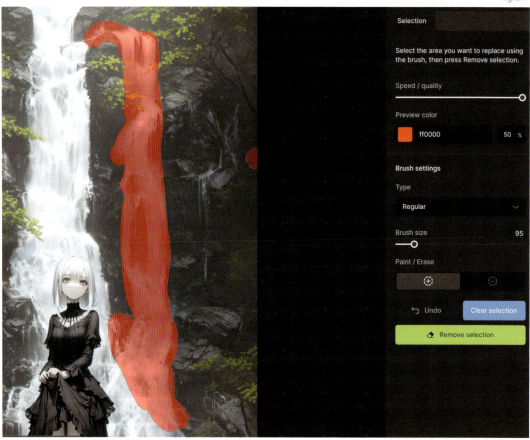

fig.09

▲ Topaz Photo AIはアップデートが不必要な場合は買い切り方式で提供されており、購入後1年間は無料でアップデートが受けられます。そのため、長期的なコストを抑えたい方におすすめです。またRemove機能だけでなく、アップスケール機能を主力としており、さらにShapenやColor Balanceといった機能も備えています。画像に応じて最適な設定を自動で選択する機能もあり、初心者でも簡単に高品質な画像編集を試せるのが魅力です。

fig.10

Topaz Photo AIでの修正結果がfig.11です。Topaz Photo AIのRemove機能は非常に強力で、不要な部分を自然に消すことができます。これにより、画像全体のバランスを整え、視覚的に美しい仕上がりを実現できます。

fig.11

STEP 5
タイル生成で解像度を上げる

🕐 **目安時間** 作業：15分　生成：90分

● Multidiffusion機能で描き込みを増やしながら拡大する

トリミングで小さくなった画像を1.6倍にアップスケールします。Topaz Photo AIでも良いですが、今回はStable Diffusion WebUI-ForgeのMultidiffusion機能を使用します。

fig.12

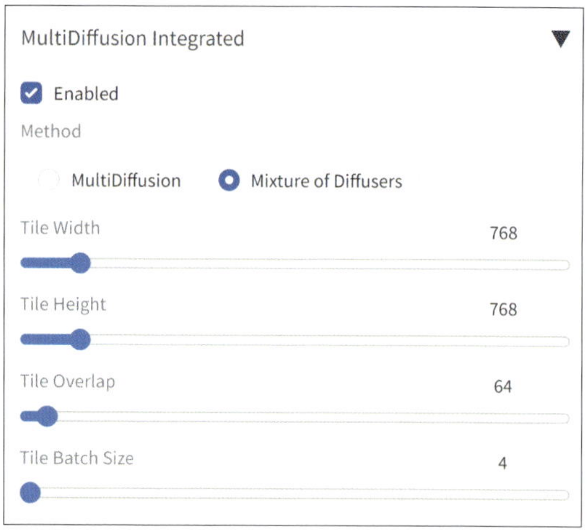

— **Prompt**
(anime:1.4),1girl,gray eyes,white hair,

— **Negative prompt**
unaestheticXL_bp5 , (lips:1.2),(blush:1.2),(nose:1.2),(3D:1.2),lowres, bad anatomy, bad hands,

— **Parameter**
Steps: 30, Sampler: DPM++ 2M Karras, CFG scale: 4.5, Seed: 1329786927, Size: 2872x3828, Model hash: edb184fcf2, Model: 0120_AikimiSpecial, VAE hash: 551eac7037, VAE: sdxl_vae.safetensors, Denoising strength: 0.4, Clip skip: 2, ControlNet 0: "Module: InsightFace+CLIP-H (IPAdapter), Model: ip-adapter_xl [4209e9f7], Weight: 0.6, Resize Mode: Crop and Resize, Processor Res: 2872, Threshold A: 0.5, Threshold B: 0.5, Guidance Start: 0, Guidance End: 0.6, Pixel Perfect: True, Control Mode: Balanced, Hr Option: Both", ControlNet 1: "Module: InsightFace+CLIP-H (IPAdapter), Model: ip-adapter_xl [4209e9f7], Weight: 0.6, Resize Mode: Crop and Resize, Processor Res: 2872, Threshold A: 0.5, Threshold B: 0.5, Guidance Start: 0, Guidance End: 0.6, Pixel Perfect: True, Control Mode: Balanced, Hr Option: Both", ControlNet 2: "Module: InsightFace+CLIP-H (IPAdapter), Model: ip-adapter_xl [4209e9f7], Weight: 0.6, Resize Mode: Crop and Resize, Processor Res: 2872, Threshold A: 0.5, Threshold B: 0.5, Guidance Start: 0, Guidance End: 0.6, Pixel Perfect: True, Control Mode: Balanced, Hr Option: Both", ADetailer model: face_yolov8n.pt, ADetailer confidence: 0.3, ADetailer dilate erode: 4, ADetailer mask blur: 4, ADetailer denoising strength: 0.59, ADetailer inpaint only masked: True, ADetailer inpaint padding: 32, ADetailer use inpaint width height: True, ADetailer inpaint width: 1024, ADetailer inpaint height: 1024, ADetailer model 2nd: hand_yolov8n.pt, ADetailer confidence 2nd: 0.3, ADetailer dilate erode 2nd: 4, ADetailer mask blur 2nd: 4, ADetailer denoising strength 2nd: 0.4, ADetailer inpaint only masked 2nd: True, ADetailer inpaint padding 2nd: 32, ADetailer version: 24.1.2, TI hashes: "unaestheticXL_bp5: ea3af2932609, unaestheticXL_bp5: ea3af2932609", freeu_enabled: True, freeu_b1: 1.4, freeu_b2: 1.3, freeu_s1: 0.8, freeu_s2: 0.2, multidiffusion_enabled: True, multidiffusion_method: Mixture of Diffusers, multidiffusion_tile_width: 768, multidiffusion_tile_height: 768, multidiffusion_tile_overlap: 64, multidiffusion_tile_batch_size: 4, Mask blur: 4, Inpaint area: Only masked, Masked area padding: 32, Version: f0.0.17v1.8.0rc-latest-276-g29be1da7

Topaz Photo AIで大きく修正した部分をモデルで再生成します。画像があまり変化しないように、Denoising strengthを0.4に設定し、img2imgを行います。解像度を大きくしすぎると、VRAMだけでなく共有メモリも使用するため、一気に生成が遅くなるため注意が必要です。またアップスケールの際には、解像度と画像の品質をバランスよく設定することが重要です。解像度を上げすぎると生成速度が遅くなるだけでなく、生成が止まってしまうこともあるため、適切な設定が求められます。特に、高解像度の画像を生成する場合、VRAMの使用量に注意し、必要に応じて設定を調整しましょう。

fig.13

▲今回は生成が遅くなりましたが、放置するだけなのでそのまま生成を続けました。

STEP 6 仕上げ

[目安時間] 作業：30分　生成：10分

● Lama Cleanerで細部を整える

STEP 5で使用したMultidiffusion機能は領域を分割して生成する手法で、意図しない場所に人などが生成される可能性があります。例えばfig.14には目らしきものが、fig.15には人が生成されてしまいました。これらをLama Cleanerを使用して削除します。

fig.15

fig.14

fig.16

Lama Cleanerを使用する際には、削除したい部分を正確に指定することがポイントです。拡大などを利用して不要な部分を自然に取り除きましょう。また、修正後の画像全体のバランスを確認し、必要に応じて再度微調整を行います。例えば、背景の一部に残っている不自然な要素を修正することで、より自然な仕上がりに近づけます。

最終的な仕上がりに満足できるまで、何度でも修正を繰り返しましょう。最終的には、自分のイメージに完全に合致するまで細部にわたり調整を行い、理想的な画像を完成させます。最後に再びTopaz Photo AIを用いてアップスケールを行い高解像にして完成です。

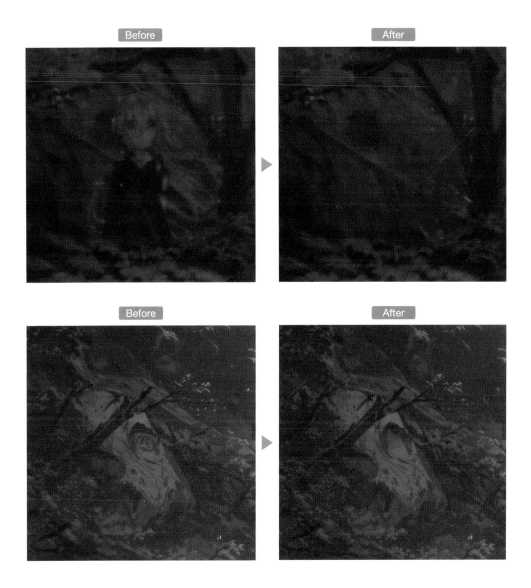

▶ Key Prompt

Surrounded by blue roses

◼ Key Prompt

Standing by seaside,Dramatic lighting

File 06

くよう

https://x.com/wd_kuyokuyo

制作環境：windows10/GeForce 3090（VRAM24GB）
普段使用する画像生成AI：Stable Diffusion（SDXL）がメイン。
必要に応じてniji・journeyやfireflyなどを補助的に使用します
使用するソフトウェア：Photoshop/AfterEffects/Illustrator/CLIPSTUDIO/Topaz PhotoAI/VideoAI
使用デバイス：板タブ（Wacom）

── 作風について

毎日気の赴くままに制作を行っているため、作風と言うほど主だった軸はないのですが、強いて挙げれば動きのある彩度のハッキリしたイラストが好みです。

── 制作上のコツや意識していること

「AIのランダム性からインスピレーションを受けて、作品を膨らませていくこと」がAIイラスト制作のコツであり、楽しみ方と考えています。画像生成AIの多くはpromptとして入力していないものも連想ゲーム的に出力されるため、イラストのベースとなる単語だけでまず生成し、出力された画像からインスピレーションを膨らませていくと、最初に思い描いていた完成像よりもさらに豊かな制作ができると思っています。

── 画像生成AIによってよくなった事や
　　今後、画像生成AIに対して期待すること

イラスト制作に限らず、素材を用意することの容易さが格段に良くなったと感じています。背景やテクスチャなど、作品の一部のために素材が必要になる事は少なくないため、取りうる選択肢が一つ増えたのは非常に大きな影響ではないかと思います。今現在、高解像度のAI画像を用意するのは比較的手間がかかる作業ですので、高解像度の生成あるいはベクターでの生成の技術がより洗練されていくと有り難いなと思っています。

完成作例

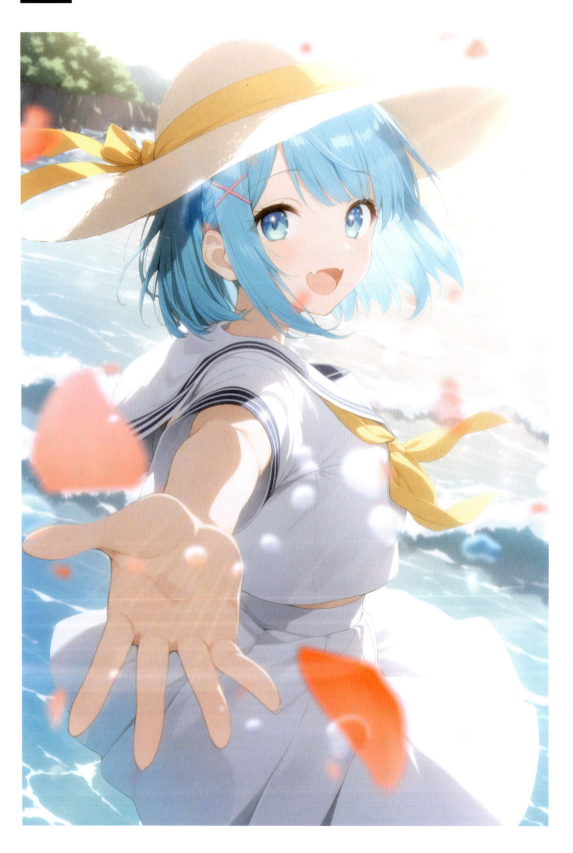

● 全体の流れや制作に至るまでの思考

最初にプロンプトの軸となる単語を決めます。Pinterestなどを参考にしつつ構図や服装、小物など必要な要素をプロンプト化していき、実際にStable Diffusionで生成をしながらプロンプトの追加/削除を行いイメージを固めていきます。その後はひとまず100〜200枚程度生成をしてその中から一番良いものをピックアップし、PhotoshopやAfterEffectsで加工を行います。

制作ワークフロー

STEP 1 プロンプトの構築

思いついたテーマから連想しながら、取り入れるプロンプトを取捨選択していきます。軸となるワードを検索エンジンやPinterestなどに打ち込み確認しながら、最終的な構図や要素を大まかに固めていきます。

STEP 2 txt2imgでの生成

決めたプロンプトで生成を始めます。あくまでtxt2imgなので、生成のランダム感を楽しみつつ初期構想とAIの提示するアイディアの折衷案で制作を進めていくことが大事です。生成画像を見ながら、プロンプトの調整も行います。

STEP 3 アップスケール

作成したAIイラストをアップスケールします。アップスケーラーの性質上細部の表現が若干劣化するため、わたしは加工前のこのタイミングでアップスケールを行います。

STEP 4 Photoshopでの加工

生成したイラストを編集します。この時点ですべての作業を終えた最終形を想像して、素材の切り抜きや、加筆などを行っていきます。Photoshopの編集ファイルは互換性のあるAfterEffectsでも編集しやすい形に整理すると楽です。

STEP 5 AfterEffectsでの撮影

パーティクルや光源効果などを動画として生成しながら合成をしていきます。シミュレートされる効果のうち、最も魅力的なタイミングを切り抜くことができるのがAfterEffectsによる編集の楽しみでありメリットです。

STEP 6 Photoshopでの最終調整

今回は印刷向けのイラスト制作となるため、色味の微調整をPhotoshopに戻って行います。SNS向けであればStep5で完了することが多いです。

STEP 1 プロンプトの構築

目安時間 作業：10分

● プロンプト構築を検討する

まずはベースとなるプロンプトの構築を行います。今回は夏らしく海辺のイラストを作ることとしました。メインとなるキャラクターは普段よくつかっている「シアン色のボブヘアーとシアン色の目の女の子」にしたいので、服装はバランスを取って青に映える「白色のドレスにつばの広い帽子」に「黄色をワンポイント」に入れた配色することに決めました。また動きのあるイラストにするため、「手をこちら側に伸ばす体勢」で、「水しぶき」や「花弁」が風に乗っている構図で仕上げようと思います。

これらの要素から仮のプロンプトを構築します。まず、検討した要素に必要になるプロンプトを区分別に案出しをします。今回のイラストではこのようになります。

— ベースとなるプロンプトの検討
顔まわり：cyan hair, bob cut, cyan eyes, gradient eyes
服装：white dress, yellow ribbon, white flare skirt, white sun hat
姿勢：outstretched arms, reaching, looking at viewer
背景：ocean, water, flare
小物：petals, splashing

STEP 2 txt2imgでの生成

🕐 **目安時間** 作業：30分　生成：180分

○ Stable Diffutionで画像を生成する

　Stable Diffutionを使用して生成を行います。わたしはSDXLの生成が最も速いという理由からstable-diffusion-webui-forgeを使用していますが、環境固有の機能は使用していないため、通常のwebuiでも問題ありません。使用するモデルはAnimagine XL V3.1をベースにわたし好み

のタッチになるようにマージしたモデルです。まずはSTEP 1で検討したプロンプトを打ち込んで思った通りのイラストになるか確認してみます。ここでは構図とプロンプトの効きを確認する目的のため、高画質化処理（Hires.fix）は不要です。

fig.01

— **Prompt**
　1girl, cyan hair, bob cut, cyan eyes, gradient eyes, white dress, yellow ribbon, white flare skirt, white sun hat, outstretched arms, reaching, looking at viewer, ocean, water, flare, petals, splashing, best quality

— **Negative prompt**
　worst quality, low quality, normal quality , watermark, lowres, bad anatomy, bad hands, monochrome,

— **Parameter**
　Steps: 20, Sampler: Euler a, CFG scale: 7.77, Seed: 13390278, Size: 832x1216, Model hash: 199e7e3f33, Model: HiresHelper_V15.fp16, VAE hash: 66f78ad136, VAE: sdxl_vae.safetensors, Clip skip: 2, ENSD: 949494, Version: f0.0.9-latest-53-gfc5c70a2

▲過去変に個性を出そうとした名残で妙なCFG scaleやENSDを設定していますが、出力が良くなる裏技などではではないため、気にせずお好みの数値を設定してください。

◯ 生成結果を確認して
プロンプトを調整する

生成結果を見ながらプロンプトを修正していきます。ぱっと見の問題点として、①表情が固い、②装飾がやや寂しい、③構図が単調、④花びら・水しぶきの出力が安定していない、の4点が考えられるため、promptや対策を考えます。

fig.02

まず「①表情が固い」点の対策です。表情に関するpromptを使用していないことが原因であるため、open mouth, skin fang, happyを追加し、笑顔に変更します。smileを使うのが一番シンプルな方法ですが、経験上こちらのほうが可愛くなるため、この組み合わせにしています。「②装飾がやや寂しい」点については出力された画像を見ながらどこを変えていくかを考えて修正します。fig.02の4枚を比較すると肩周りの服飾と袖があった方が腕を伸ばしたときの収まりがよいので、今回はその方向性で服を変更します。dressでは肩出しになりやすく色を追加しにくいため、今回はセーラ服風の服装にしていきます。また、頭にワンポイントほしいため、x hair ornamentも追加して様子を見てみます。そして「③構図が単調」ですが、アングルが正面過ぎることが問題と考えられます。やや斜めから見下ろすアングルになるようにfrom above, dutch angleを追加し、体勢を固定するために、looking back, sideways glanceを追加して調整します。最後に「④花びら・水しぶきの出力が安定していない」点ですが、後からAfterEffectsで編集したほうが思った位置に配置できるため、今回はtxt2imgで配置することは見送りました。調整後の生成パラメーターと出力結果は次の通りです。

162

Prompt

1girl, cyan hair, bob cut, wind, cyan eyes, **x hair ornament**, reflection eyes, gradient eyes, **open mouth**, **skin fang**, outstretched arms, [[reaching]], **sailor collar**, white sun hat, short sleeves, yellow ribbon, white flare skirt, **happy**, solo, [[looking back]], **sideways glance**, looking at viewer, [[**from above**]], **dutch angle**, **anime screencap**, ocean, flare, water,best quality

Negative prompt

worst quality, low quality, normal quality , watermark, lowres, bad anatomy, bad hands, monochrome, **backlighting**,

Parameter

Steps: 20, Sampler: Euler a, CFG scale: 7.77, Seed: 2091300188, Size: 832x1216, Model hash: 199e7e3f33, Model: HiresHelper_V15.fp16, VAE hash: 66f78ad136, VAE: sdxl_vae.safetensors, Clip skip: 2, ENSD: 949494, Version: f0.0.9-latest-53-gfc5c70a2

　説明の都合上、一度にまとめて追加するような記述をしましたが、実際には一単語ずつ追加し生成をしながら調整をしています。効きすぎるpromptには［］（角括弧）による強度の調整をしています。

　最終的に採用したイラストが逆光気味のため、結果的に無意味になってしまいましたが、逆光の対策と調整でanime screencapとネガティブプロンプトにbacklightingも追加しています。

プロンプトの調整によって安定性は少し落ちたものの魅力的な出力が得られるようになったため、Hires. fix を ON にし 832x1216 を 1.5 倍にする設定で 200 枚前後生成していきます。

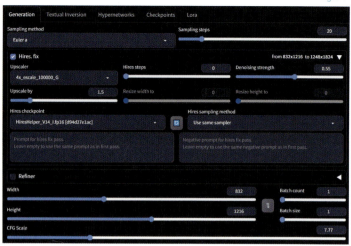
fig.04

生成が完了したら選別作業に入ります。後から水しぶきと花びらを追加していくため、多少余裕のある構図となっているイラストを素材として採用しました。指の数や不要なオブジェクトなどが発生していれば inpaint での修正を行うこともありますが、今回は問題がなかったためこのまま STEP 3 に移行します。

fig.05

STEP 3 アップスケール

目安時間 作業：5分

○ Topaz　Photo AIでアップスケールする

　解像度を上げるためにアップスケールを行います。使用するソフトはTopazのPhoto AIです。生成したイラストを追加して設定を行います。基本的に自動でアップスケール用のパラメーターが設定されますが、デフォルト状態では若干塗りがカピカピした印象になるため3つのパラメーターを変更します。[Minor Denoise]はイラストのノイズが軽減されます。AIイラストは弱いノイズが乗っていることがあるため、わたしは軽く除去する気持ちで30前後に設定しています。[Minor Deblur]をかけるとシャープな印象になります。強くかけすぎるとカピカピした印象になるため、5程度にしています。[Fix Compression]はアップスケール時に発生する特有のノイズのようなものを軽減します。かけすぎると細かい線まで消えてしまうためプレビューを見ながら適度な値にします。今回は50にしています。

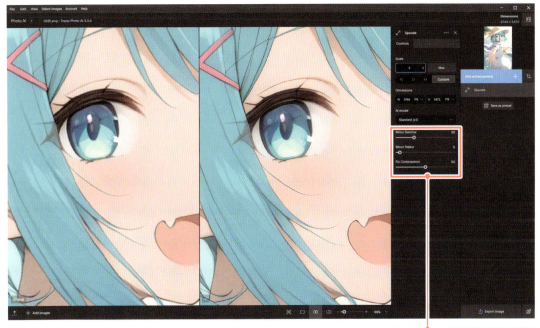

fig.06

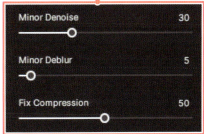

STEP 4 Photoshopでの加工

目安時間 作業：40分

● キャラクターを背景から切り離す

AfterEffectsでの作業に向けてPhotoshopで画像を編集していきます。まず背景とキャラクターを切り離して後から合成できるようにします。［クイック選択ツール］❶を選択し、画面上部の［被写体を選択］メニューから［クラウド（詳細な結果）］❷を選択して被写体を選択します。

fig.07

［被写体を選択］❸を実行するとキャラクターが大雑把に選択できます。しかし、髪の毛の隙間など細かい部分が正確に切り抜けていないため、さらにメニューから［選択とマスク］❹を実行します。

fig.08

［選択とマスク］を実行すると、選択部分と非選択部分が可視化されたウィンドウが別に開きます。非選択部分が青色で塗られていない場合は［表示モード］❺の設定を［オーバーレイ］に切り替えてから、不透明度とカラーを変更してください。［カラー］❻はキャラクターと混ざりにくく見やすい色に設定すると作業し易いです。

fig.09

作業の準備が完了したので、［クイック選択ツール］❼を使用して、選択されていない部分と不必要に選択されている部分を大まかに修正していきます。例えばリボンの部分に着目すると、リボンの一部が選択範囲外❽となっており、一方でリボンと帽子の隙間の背景が選択状態❾になっているため、これを修正していきます。

fig.10

髪やリボンの隙間など細かい部分は別の専用ツールがあるため、細部まではまだ調整しません。まずは大雑把にキャラクターが切り抜かれている状態にしていきます。特に髪の毛についてはfig.12のように選択が甘い状態で問題ありません。

次に、［境界線調整ブラシツール］⑩で細かい部分の選択を行います。このツールは境界をなぞることで自動的に選択範囲を補正していくため、大雑把に選択していた髪の毛を境界線調整ブラシでなぞって選択範囲をキレイにしていきます。

調整が完了したので切り離しを実行します。［出力設定］＞［出力先：新規レイヤー］⑪に変更し、［OK］ボタンを押して作業を完了します。これで無事にキャラクターと背景が分離できました。

切り抜いた部分に背景を生成する

後の工程でキャラクターの位置をずらす可能性があるため、キャラクターがいる位置の背景をAdobeの生成塗りつぶしで生成します。背景レイヤーを選択した状態でキャラクターのレイヤーのプレビュー画像 ❶ を Ctrl (⌘) +左クリックし、キャラクターの領域を選択状態にします。その状態のまま[選択範囲]＞[選択範囲を変更]＞[拡張] ❷ をメニューから選択し、[選択範囲を拡張]ダイアログ ❸ で選択範囲を10px拡張します。[カンバスの境界に効果を適用]のチェックをONにしてOKボタンを押して拡張を実行します。続いて、コンテキストタスクバーから[生成塗りつぶし] ❹ を実行します。ボタンを押すとpromptを入力するメニューが表示されますが、何も入力せず[生成] ❺ を実行します。

fig.17

fig.18

生成が完了すると別のレイヤーに生成したイラストが表示されます。同時に3枚生成されるため、プロパティウィンドウ ⑥ から一番違和感のない生成結果を選択します。今回は真ん中の生成結果を採用しました。

fig.19

最後にこの背景を扱いやすくするために、生成結果と背景をまとめてスマートオブジェクト化します。レイヤーウィンドウから2つのレイヤーを選択して右クリックメニューからスマートオブジェクトに変換します。AfterEffectsで読み込んだ時作業しやすいよう、レイヤー名をわかりやすい名称に変更しておきます。

fig.20

fig.21

Photoshopで加筆修正を行う

　最後に目周りを中心に加筆が必要な部分に手描きで修正を入れます。後で光源を追加することを意識して帽子のつばに被っているレンズフレアを消しています。修正が完了したらキャラクターについても、背景同様にAfterEffectsで読み込んだ時作業しやすいよう、スマートオブジェクト化してレイヤー名をわかりやすい名称に変更しておきます。これでPhotoshopでの作業は完了です。出来上がったpsdファイルを保存します。

fig.22

▲保存時に表示される互換性のダイアログはAfterEffectsで読み込むために互換性を優先で保存します。

STEP 5

AfterEffectsでの撮影

目安時間 作業：60分

● psdファイルを AfterEffectsに読み込む

作成したpsdファイルをAfterEffectsに読み込んでいきます。読み込み時に表示される設定は［読み込みの種類：コンポジション］、［レイヤーオプション：編集可能なレイヤースタイル］で読み込みます。

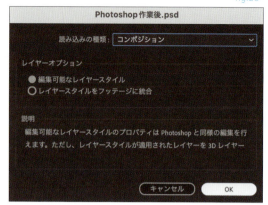

fig.23

読み込みが完了したら新規コンポジションを作成します。作成できたら読み込んだレイヤー素材をコンポジションに追加します。

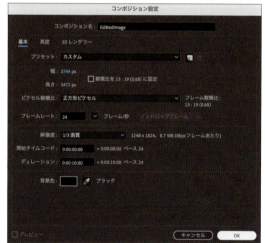

fig.24

― コンポジション設定
コンポジション名：EdittedImage ／ 幅：3744px
高さ：5472px ／ フレームレート：24フレーム／秒 ／ 解像度：1/3画質 ／ デュレーション：10秒

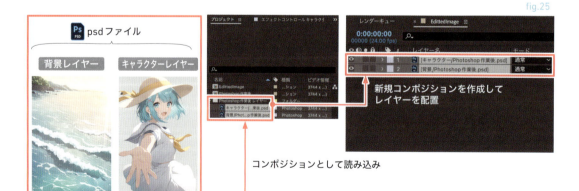

fig.25

▲わかりやすいように透明な部分はグレーで表示しています。

Column AfterEffectsとは

AfterEffectsとはAdobeが提供する主に動画のコンポジットに使われるソフトウェアです。Photoshopのようにレイヤー構造を持ち、様々な視覚効果を適用することができます。本書で解説する内容には特に［レイヤーモード］、［トラックマット］、［エフェクト］を利用します。ここではAfterEffectsの基本構造とこれら3つの要素について簡単に解説します。

基本構造であるレイヤーはタイムラインパネル上に重ねて構築していきます。また複数のレイヤーをまとめて仮想的に1つのレイヤーのように扱うこともできます。この操作によってまとめられたレイヤーは コンポジション❶と呼ばれます。レイヤーモードは各レイヤーの［モード］❷と表示されている列のプルダウンメニューから切り替えることができます。ここでのレイヤーモードの効果は他のAdobeソフトウェアと共通です。

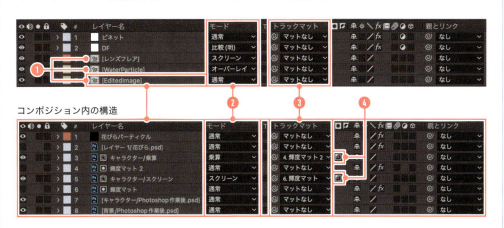

続いてトラックマットと呼ばれる機能は、下にあるレイヤーの透明度情報や輝度情報を使用して、レイヤーの表示を制御するための機能です。タイムラインパネルの各レイヤーの［トラックマット］❸のプルダウンメニューから選ぶか、 ピックウィックを紐づけたいレイヤーにドラッグ＆ドロップすることで設定できます。その後、［マット］を透明度情報（アルファマット）か輝度情報（ルミナンスマット）で選択❹します。

最後にエフェクトは効果を適用したいレイヤーを選択した状態で、メニューバーの［エフェクト］❺もしくは［エフェクトパネル］から任意のエフェクトを選択することで適用します。このエフェクトの詳細は［エフェクトコントロールパネル］から設定することでレイヤーに様々な効果を生み出します。

○ AfterEffectsで光源処理を行う

キャラクターのレイヤーを[スクリーン/乗算合成]することで、キャラクターに当たる光の表現を修正します。切り抜いたキャラクターのレイヤーを複製して、[エフェクト] > [描画] > [グラデーション]を設定したら、エフェクトコントロールパネルで[グラデーションの開始/終了]の位置の値を操作し、fig.26のようなグラデーションになるように設定します。

fig.26
モニターの見え方

グラデーションが作れたので、キャラクターのレイヤーを更に追加して[モード：スクリーン]に変更します。その後トラックマットのピックウィップをグラデーションのレイヤーにドラッグしてグラデーションレイヤーをトラックマットの対象に設定します。その後アルファマットモードからルミナンスマットに切り替えると、右側から光が当たっているような表現になります。

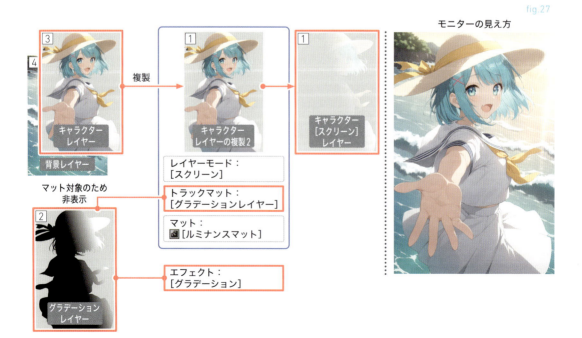

fig.27
モニターの見え方

このままでは効果が強すぎるため、不透明度を50％にして効果を調整しています。同じ方法で暗い部分の調整もしていきます。作成した輝度マットとスクリーンのレイヤーをそのまま複製し、モードをスクリーンから乗算に変更します。暗い部分は明るい部分の逆側となるため、輝度マット2のエフェクトコントロールから［色の交換］を実行します。

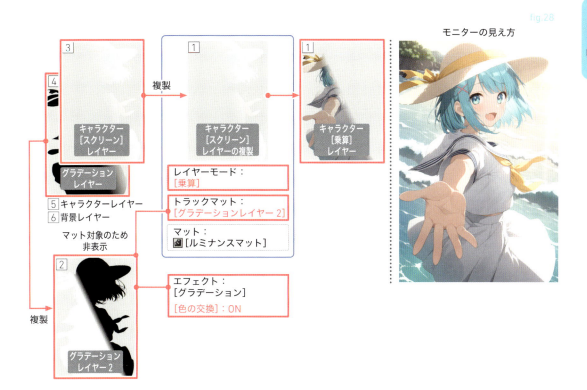

fig.28

花弁の素材を生成してシミュレーションする

花弁をシミュレーションで追加していきます。自然な花びらの素材が必要なので写実的な表現が得意なAdobe fireflyで作成します。出力結果のうち、右上の出力が使いやすそうだったのでこれを採用しました。

— **Firefly Parameter**

プロンプト：ハイビスカスの花びら一枚、イラスト素材 / モデル：Firefly Image 3 (Preview) / 縦横比：1:1 / コンテンツの種類：自動 / 効果：ペイント

fig.29

175

生成した画像をPhotoshopに読み込んで切り抜いた後、イラストと同様の手順でAfterEffectsに読み込み、パーティクルとして使用します。素材がややリアル過ぎてイラストから浮いてしまうため、グラデーションのエフェクトを薄くかけてイラストに馴染むようにします。

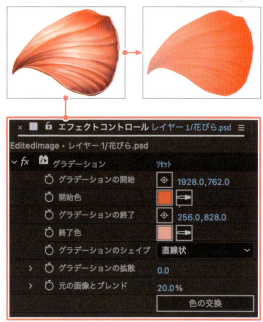

fig.30

平面を追加してパーティクルエフェクトを適用していきます。平面に対して［エフェクト］＞［Simulation］＞［CC Particle World］を適用し、fig.31のようにエフェクトコントロールパネルで設定値を変更します。

fig.31

更に、[エフェクト] > [ブラー&シャープ] > [ブラー (カメラレンズ)] と [エフェクト] > [ディストーション] > [タービュレントディスプレイス] を適用してfig.32のように値を設定します。

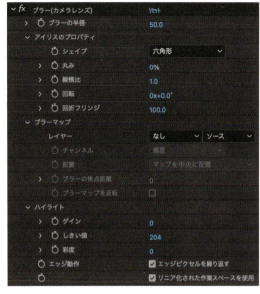

fig.32

[タービュレントディスプレイス] の展開にはエクスプレッションを追加します。展開の◯ ❶ を Alt (Option) + 左クリックし、エクスプレッションに [time*100] ❷ と記入します。これにより、時間変化で徐々に効果が変化するようになります。[CC Particle World] は0秒時点ではパーティクルが生成されていないため、平面レイヤーの開始位置を0秒より手前に移動して、0秒の状態から花びらが見えるようにします。これで花弁が追加できました。このパーティクルは殆どすべてが数値で管理されているため、後で自由に花弁の量や大きさ、ぼかし具合などを調節できます。また、作業しているPCのスペック次第ですが、この時点で既に処理が重くなっている場合は現在編集している [EditedImage] コンポジションのプロキシを作成しておくと、処理が軽くなるため楽に作業できます。

fig.33

○ 水しぶきを追加してシミュレーションする

続いて水しぶきをシミュレーションで追加していきます。[EdittedImage] コンポジションの上にあらたな平面を追加し、[エフェクト] > [Simulation] > [CC Particle World] を適用して、fig.34 のように値を設定します。

fig.34

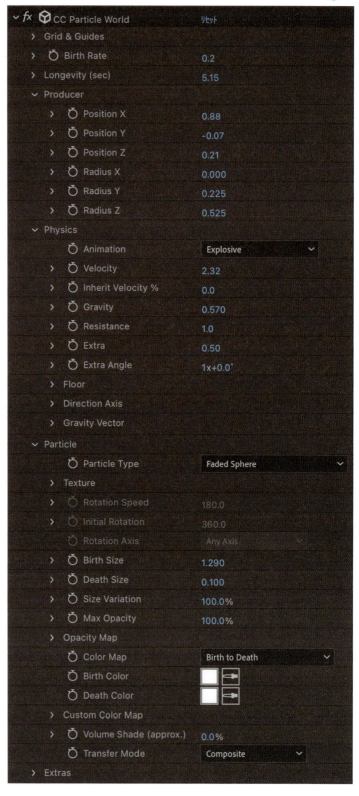

さらに［エフェクト］＞［ディストーション］＞［タービュレントディスプレイス］を適用し、fig.35のように値を設定します。このParticleも0秒時点では生成されていないため、平面レイヤーの開始位置を0秒より手前に移動しておきます。

fig.35

次に、[EdittedImage]コンポジションを複製して、タイムラインの一番上に移動します。［エフェクト］＞［Distort］＞［CC Blobbylize］を適用し、fig.36のように値を設定します。これにより水の表面に背景が映り込んだような描写を再現します。

fig.36

ここまでできたら、複製した[EdittiedImage]コンポジションと平面のパーティクルをプリコンポーズします。新規コンポジション名を[SplashWater]として、すべての属性を新規コンポジションに移動を選択してからOKでプリコンポーズします。

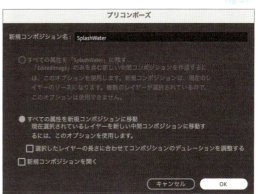

fig.37

現時点でもある程度水らしくはあるのですが、立体感がないためハイライトをシミュレートしていきます。作成した［SplashWater］コンポジションをまた複製し3つのエフェクトを適用します。［エフェクト］＞［カラー補正］＞［色相/彩度］、レベル補正と［エフェクト］＞［キーイング］＞［抽出］を順番に適用し、fig.38-40のように値を設定します。これにより水の表面の明るい部分だけを取り出します。このレイヤーは［モード：スクリーン］で合成します。

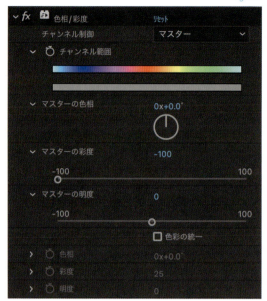
fig.38

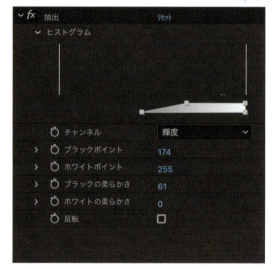
fig.39　fig.40

続いて調整レイヤーを追加し、調整レイヤーに対して［エフェクト］＞［ブラー＆シャープ］＞［ブラー（ガウス）］を適用し、fig.41のように値を設定します。そして、調整レイヤーと編集した2つの［SplashWater］コンポジションを選択してプリコンポーズします。コンポジション名は［WaterParticle］にしました。最後にこのコンポジションを［モード：オーバーレイ］に変更して水しぶきは完成です。

fig.41

○ 光源処理を追加する

物体の追加は完了したので、最後の調整を行います。まずはレンズフレアを追加します。これまで同様に平面レイヤーを追加して有料プラグインのOptical Flaresを適用しています。エフェクトを適用した平面は［モード：スクリーン］で合成し、不透明度で調整します。

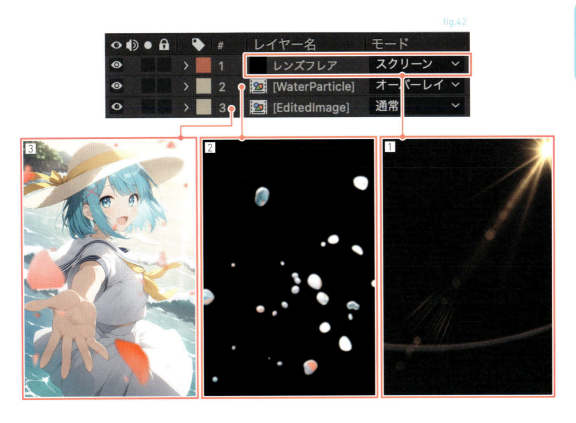

fig.42

次に光の拡散効果（ディフュージョン）を追加します。調整レイヤーを追加し、［エフェクト］＞［ブラー＆シャープ］＞［高速ボックスブラー］を追加し fig.43 のように値を設定します。その後、調整レイヤーは［モード：比較（明）］にし、不透明度を25%に設定します。最後にビネットを追加します。もう一つ調整レイヤーを追加して［エフェクト］＞［Stylize］＞［CC Vignette］を適用しこちらも fig.43 のように値を設定します。

▲これで調整は完了です。SNSに投稿する場合はここでトーンカーブなどを使用した色味の調整も行いますが、今回は印刷を行うため再度Photoshopに戻って色味の調整を行います。

fig.43

動画のワンシーンを書き出す

　png形式での書き出しを行う前に、動画として流しながら最も魅力的なフレームを模索します。花びらや水しぶきをパーティクルで作成したことで、ランダムな出力の中からパーティクルの配置を考えることができます。今回は143フレーム目の状態が一番よかったため、このフレームをPNG画像として書き出していきます。

fig.44

fig.45

▲ 気に入ったフレームでタイムラインのカーソルを止めた状態で、[B]、[N]を押し、ワークエリアを1フレームだけの状態にします。続いて、［ファイル］>［書き出し］>［レンダーキューの追加］を選択してレンダーキューに出力処理を追加します。

　追加したレンダーキューの出力モジュールをクリックし、出力モジュール設定の形式をPNGシーケンスに設定します。設定できたら他は弄らずにOKで設定を閉じます。出力先を任意のフォルダに設定したらレンダリングを実行します。これで出力は完了です。

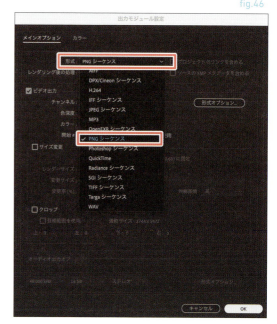

fig.46

STEP 6 Photoshopでの最終調整

目安時間 作業：10分

○ トーンカーブで調整する

最終調整です。png画像をPhotoshopに取り込んで調整を行います。今回は印刷されるイラストとなるため、CYMKモードに変更してトーンカーブで調整を行いました。

fig.47

fig.48

▲紹介したワークフローは動画にも使用できる方法ですので、動画生成AIの出力と組み合わせても魅力的な作品づくりができると思います。ぜひAfterEffectsにも触れてみてください。

▶ Key Prompt

ベース：2girls, 2shot, snuggled up/ 服装：street fashion, loose necktie, white collared shirt, oversized clothes, baseball cap/ 表情：open mouth, skin fang/ 背景：yellow background/ 小物：semi-rimless eyewear

■ Key Prompt

ベース：1girl, anime, from side, looking at viewer, upper body/ キャラクター：brown eyes, brown hair, hair between eyes, sidelocks, blush, happy/ 服装：sailor collar, neckerchief, shirt, straw hat/ 背景：sunflower, light leak, blurry background, depth of field/ 小物：sunflower, holding bouquet

File **07**

茶々のこ

 Twitter(X)：@ChaCha_no_Ko

制作環境 (OS/GPU)：Windows10/NVIDIA GeForce RTX 3080(VRAM 10GB)
普段使用する画像生成AI：Stable Diffusion/Midjourney/niji・journey/NovelAI
使用ソフトウェア：Stable Diffusion WebUI Forge/Photoshop/Illustrator
使用デバイス：デスクトップPC/MacBook Pro

—— 作風について

黒髪ショート × ネコミミの少女をモチーフに、切なさや儚さ、哀愁を感じさせる作品を作るのが好きです。また素人芸ではありますが、表現の幅を広げるための文字入れや、デザインを施した作品を作ることもあります。

—— 制作上のコツや意識していること

シンプルなtxt2imgを楽しみつつ、そこから得たアイデアから制作をスタートにすることが多いです。画作りに関しては、キャラクターの魅力を中心に、光の表現や背景との一体感を意識した加工を行っています。また、加筆修正の中であえて情報量を落とし、描かれるものを選別・整理することで作品の説得力を上げられると考えています。制作上の個人的モットーは「神は細部に宿る」です。

—— 画像生成AIによってよくなった事や
今後、画像生成AIに対して期待すること

画像生成AIの登場によって、自身のアイデア1つから自由な創作ができるようになりました。尽きることのない興味と興奮。更新され続ける知識、技術への期待感。そして、創作の果てしない奥深さ。画像生成AIは、私の人生に大きな楽しみを与えてくれました。AIに今後期待することとして、生成画像をリアルタイムに分析しながら、プロンプトや表現方法など、作品をより魅力的にするための様々な提案を行ってくれるようになったら面白いなと思います。

完成作例

● 全体の流れや制作に至るまでの思考

　最初から完成形をイメージした制作を行うこともありますが、大まかなテーマを定めつつ、アイデア出しも含めて「とりあえずtxt2imgで生成してみる」から始める事が多いです。その用途では、表現力が豊かなniji・journeyやNovelAIをよく使います。「これだ！」と思える1枚が生成できたら、Photoshopを用いた加筆修正や、ローカルに構築したStable Diffusion環境でのimg2img、アップスケールを繰り返すことで完成に近づけていきます。

制作ワークフロー

STEP 1　イラストテーマの決定

　いくつかのキーワードから、作品のテーマを決定します。頭の中でイメージを膨らませながら、中心となるキャラクター、背景、シチュエーションなどを含めたテーマを設定するよう意識しています。これが今後のワークフローの軸となります。

STEP 2　ベースイラストの生成

　txt2imgでベースイラストを生成します。使用する画像生成モデル、サービスは、作品のテーマや雰囲気に合いそうなものから選定。AIから提案を受けるような気持ちでたくさん生成し、作品の可能性を広げます。

STEP 3　ベースイラストの修正

　ベースイラストの破綻や違和感を修正し、イラストの説得力を高めます。ここでどれだけ細かく修正できるかが、今回のワークフローの肝となります。また、ひらめきを重視したダイナミックな変更を行うことで、より魅力的な作品ができあがると考えています。

STEP 4　img2imgによる作り込み

　img2imgと画像編集ソフトを駆使してイラストを作り込んでいきます。服装や背景、小物類のディティールにこだわりつつ、表情、ポーズなどが設定したテーマ・シチュエーションと結びつくよう意識します。

STEP 5　イラストのアップスケール

　ControlNetを活用し、描画内容を維持したアップスケールを行います。今回のように特に大きな画像サイズが必要な時は、2種類2段階のアップスケールを行うことでこれを実現します。

STEP 6　仕上げ

　仕上げに、色彩や明暗の調整、光源の設置、目の描き込みなどを行います。一目見たときの印象を決定づける、最後にして最も重要な工程です。ここでもテーマとシチュエーションを意識し、より情緒豊かな作品になるよう世界観を補完します。

STEP 1 イラストテーマの決定

目安時間　作業：5分

● 完成形をイメージする

　まず、制作するイラストの大まかなテーマを決めていきます。目を瞑って夢想していると、「黒髪ショート」「清楚なネコミミ少女」「屋外風景」「カメラで撮影したような1枚」「爽やかさと清涼感」などのキーワードが降ってきました。これらを元に、頭の中でざっくりとしたイラストイメージを練ってみます。最終的に「清楚なネコミミ少女を屋外で撮影した1枚の写真」というイメージができたので、今回はこれをテーマにしようと思います。

STEP 2 ベースイラストの生成

目安時間　作業：30分　生成：240分

● niji・journeyでベース画像を生成する

　アイデア出しを兼ねたベース画像の生成を行います。今回は、テーマに合わせた「雰囲気重視のアニメ調イラスト」を作ろうと考えたため、画像生成にはその手の表現が得意なniji・journeyを使用することにしました。テーマとキーワードを元にniji・journey用のプロンプトを作ります。キャラクターの主要な特徴、画像のスタイル、色合い、写真を連想させる語を組み合わせて、以下のプロンプトを構成してみました。

　また、パラメーターでRAW Modeの有効化と高いstylize値を設定することで、プロンプトの反映度合いを上げつつ、美的脚色を含めたAIからの提案を受けられるようにします。かなりシンプルですが、アイデア出しも兼ねているため、このくらい曖昧でも問題ありません。プロンプトは英単語をカンマ区切りで入力するスタイルを採用し、スペルが分からない単語は、DeepL等の翻訳ツールを使用して日本語から英訳しています。

　プロンプトを構成する単語の順番に細かいルールを設けているわけではありませんが、手癖から、主題となるキャラクターの特徴 > ポーズや表情 > 画風やトーン、スタイルの指定 > カメラアングルや光の指定 > 品質・その他 といったような順番になることが多いです。ただ、生成途中に気分で単語の追加・削除を行うことが多いため、気が付くと適当な語順になっていることもよくあります。そうしたプロンプトから好みの画像が生成されることも多いので、先ほどの語順はあくまでも初期プロンプトの構築目安程度に考えています。

— **Prompt & Parameters**
a girl with cat ears, black short hair, blunt bangs, side locks, earlocks, full body, in the style of anime-inspired, limited tone, stereoscopic photography, outdoor scenes,16k uhd, light white and light blue, --niji 6 --style raw --ar 3:4 --s 500

初期プロンプトが組めたので、さっそく画像を生成していきます。生成結果を見ながら、プロンプトの追加、削除、語順変更などの調整を行います。txt2imgを繰り返してバリエーションを生成しつつ、「ちょっと良いかも」な画像に出会えた時には、雰囲気を維持できるリミックスモードを使用してイメージの深堀りを行います。今回は600枚程生成したところでようやくビビっとくる画像 fig.01 に出会えました。

特に左下の画像雰囲気が気に入ったため、アップスケールした上で、何十枚か fig.02 のようなバリエーションを生成します。最終的に、構図やポーズが最も自分のイメージにハマった fig.03 の画像をベースイラストとして採用しました。

fig.01

fig.02

fig.03

STEP 3
ベースイラストの修正

目安時間 作業：180分　生成：40分

○ niji・journeyで修正する

ベースイラストを眺めていたところ「❶ 清楚な服装にネオンカラーのシューズの組み合わせに違和感があるな」「❷ 脚が細すぎるし、太ももの間の手が破綻してるな」「❸ 奥の通路、なんだか味気ないな」などの"欲"が湧いてきました。また、各所に構造的な違和感も感じます。イラストの魅力と説得力を向上させるため、ここからはそれらの修正を行っていきます。

fig.04

まず、niji・journeyのVary(Region)機能を使用して、次の2箇所をおおまかに修正します。①太ももを太く、その間に手を挟むように修正。また靴のカラーを黒に変更、②奥の通路を水路に変更。

この時、2箇所全てを一度に選択するのではなく、1つずつ段階的に修正を行っていきます。こうすることで、修正箇所ごとのプロンプト調整・結果確認に集中でき、選別作業も行いやすくなります。

fig.05

— **Prompt & Parameters**

hands ,thighs, black shoes, in the style of anime-inspired, limited tone, stereoscopic photography, outdoor scenes,16k uhd, light white and light blue, --ar 3:4 --style raw --stylize 500

193

①、②と修正箇所ごとに数枚〜数十枚ほど生成し、選別を行います。水路の修正中「これだ！」と思った1枚の木の葉部分だけが気に入らなかったため、Photoshopを使用して別の生成結果から切り貼りを行いました。通路を水路に変更する修正は思いつきのものでしたが、イラストのキーワードとしていた「爽やかさと清涼感」を大きく向上させることができました。こうした不意の発想をすぐ作品に取り込むことができるのも、AI画像生成の面白いところです。

fig.06

fig.07

今回のような特定箇所を大きく描きかえる修正には、niji・journeyのVary(Region)機能が非常に役に立ちます。Stable DiffusionのInpaint機能でもできないことはありませんが、事前にペイントツール等で誘導用の下絵を描くなどの一手間が必要になります。また、修正後に画像全体を強くimg2imgするのであれば問題ありませんが、そうでない場合、Inpaintした箇所の絵柄が使用するモデルに強く引っ張られてしまうことで、部分的な違和感が生じることがあります。今回は、後の工程でも画像全体への強いimg2imgは想定していないため、その点からもVary(Region)機能を採用することにしました。

● Photoshopで修正する

　ここからはPhotoshopを使用した修正を行っていきます。修正には、削除ツール、コピースタンプツール、ブラシツール、自動選択ツールや投げ縄ツールなどの範囲選択ツールをよく使用します。特にAI機能を搭載した削除ツールは優秀で、不要な描画内容の削除、継ぎ目の馴染ませ等をとても自然に行ってくれます。

　やり直しがききやすいよう各工程ごとにレイヤーを分け、次の13の修正を順に行いました。①曲がった脚の修正 / ②アスペクト比の変更とアウトペインティング / ③スカートの丈延長 / ④袖口の修正 / ⑤髪周りの不要部分削除 / ⑥服の微修正 / ⑦床部分の破綻修正 / ⑧台座の欠けた部分の追加 / ⑨台座の角度修正 / ⑩台座の模様修正 / ⑪木の葉の増量・余分箇所の削除 / ⑫しっぽの削除 / ⑬水路の水位上昇

　まず、ぐにゃりと不自然に曲がっている脚の違和感を解消します。投げ縄ツールや自動選択ツールを使って、脚全体を、右足、右足、太ももの3つのパーツに分解します。右足は靴の一部が見切れてしまっているため、コピースタンプツールなどを使って必要分だけ描き足しました。足パーツを動かしながら、適切な位置を探しま

す。人体構成の妥当性判断には、JustSketchMeなど、3D空間で自由に人形を動かせるデッサン補助ツールが便利です。

🔗 **JustSketchMe**
https://app.justsketch.me/

　両足の移動が完成したら、画角的に手前に来る太ももパーツを上にかぶせます。また、もともと両足があった場所は他所からの切り貼り等で埋めておきます。周辺を整えて、修正完了です。

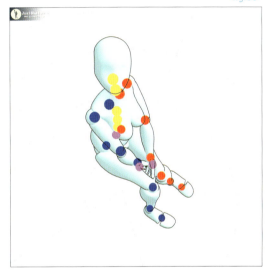

fig.08

fig.09

fig.10

次に、画像のアスペクト比の変更を行います。今回niji・journey上では手癖から3:4の比率で生成を行いましたが、そこから1:√2の比率に変更します。Photoshopのキャンバスサイズを拡大し、画像の下部に余白を作ります。その余白に対して、生成塗りつぶし機能を利用したアウトペインティングを行います。特に新しいなにかを描き加える訳ではないため、プロンプトは必要ありません。数回生成を行って良さげな1枚を選別したら、周辺の修正と合わせて継ぎ目を馴染ませます。

fig.11

fig.12

fig.13

③以降についても、各種ツールを活用しながら修正を行います。全ての修正を完了させた状態がfig.14になります。これでベースイラストは完成となりました。

fig.14

▲修正箇所は以下の通りです。❶曲がった脚の修正 / ❷アスペクト比の変更とアウトペインティング / ❸スカートの丈延長 / ❹袖口の修正 / ❺髪周りの不要部分削除 / ❻服の微修正 / ❼床部分の破綻修正 / ❽台座の欠けた部分の追加 / ❾台座の角度修正 / ❿台座の模様修正 / ⓫木の葉の増量・余分箇所の削除 / ⓬しっぽの削除 / ⓭水路の水位上昇

STEP 4 img2imgによる作り込み

目安時間 作業：120分　生成：40分

● Stable DiffusionとPhotoshopでの作り込み

　ここからはStable Diffusionのimg2img機能とPhotoshopを併用してイラストを作り込んで行きます。

　まず、整えたベースイラスト全体をStable Diffusionでimg2imgします。使用するモデルには、柔らかく可愛らしい少女の生成を得意とするSDXLモデルを選びました。プロンプトには、ベースイラスト生成時の内容を参考に、描画されている内容をより正確に盛り込んでいきます。これは、使用するSDXLモデルがプロンプトに敏感に反応するためで、意図しない描画を防ぐ目的もあります。また、ふとベースイラストの中に「カメラを向けられて恥ずかしがる少女の姿」が見えてきたので、「はにかんだ笑顔」を表現するためのプロンプトを記述しました。

　さらに今回は、描き込み増加を目的として、関連するLoRAを幾つか使用しました。プロンプトの構成は、クオリティ関連 > キャラクターの外見 > 表情 > 服装 > ポーズ・動作 > 周辺環境 > 光・影 としています。「経験的に上手くいきやすい順番」以上の意味はありませんが、このように同類のワードをまとめておくことで、今後のプロンプト修正が行いやすくなります。

　今回のimg2imgでは、Adetailerという拡張機能を利用します。Denoising strengthの値を0.4程度で設定し、SDXLモデルの力を借りた高精細かつ可愛らしい顔周りを実現します。対して、img2img全体では0.1という非常に低いDenoising strength値を設定し、モデルの画風を馴染ませる程度にします。こうすることで、niji・journeyとStable DIffusion、二つの特徴が混ざり合った独特な画風を表現することができます。ADetailer動作時用のプロンプトを独立して用意することもできますが、表情や目に関するプロンプトを既に細かく盛り込んでいるため、今回は設定していません。

　生成結果を見ながらプロンプトを修正し、計200枚ほど生成し、完成イメージに最も近い1枚を選別しました。また、途中誤って修正前のベースイラストをimg2imgにかけてしまったのですが、その中に顔周りの描画が非常に良い1枚があったため、これもピックアップします。これら二つを切り貼り合成して作り込みを行うことにします。

fig.15

fig.16

— **Prompt**

(score_9,score_8_up,score_7_up,score_6_up,), highres, detailed, best quality, masterpiece, illustration, wallpaper, best quality, amazing quality, very aesthetic, absurdres,
1girl, solo, cat ears, black short hair,, sidelocks, short bangs, hair flower, white flower, beautiful detailed blue eyes, jitome, half-closed eyes, :o, little surprised, double teeth, fang, smile, frilled designed collar, white shirt, black loafers ,black socks, turquoise blue ribbon tie, white flower and blue ribbon hair ornament, black skirt with (white lined decoration),
sitting on stairs, hold hands between thighs,
plant, detailed leaves, outdoors, day, beautiful river, conduit, clear water, concrete stairs, designed concrete floor,
beautiful shadow, beautiful sunlight filtering through trees, Beautiful water reflections, bokeh, volumetric lighting,
<lora:anime-detailer-xl:1> <lora:extremely_detailed:1> <lora:sdxl-flat:-1> <lora:test-sdxl-lineart-11:0.2>

— **Negative prompt**

score_4, score_5, score_6, (realistic:0.7),(lips, makeup, nose),noise, melted hair, warm color, yellow skin, orange skin, pointing, worst quality, low quality, tail, nsfw, ad anatomy, bad hands, mutated hands and fingers, extra legs, extra arms, interlocked fingers, duplicate, cropped, text, jpeg artifacts, signature, watermark, username, blurry, artist name, trademark, title, muscular, sd character, multiple view, Reference sheet, long body, malformed limbs, multiple breasts, cloned face, malformed, mutated, bad anatomy, disfigured, bad proportions, duplicate, bad feet, artist name, extra limbs, ugly, fused anus, text font ui, missing limb,

— **Parameter**

Steps: 40, Sampler: DPM++ 2M Karras, CFG scale: 8.5, Seed: 1813829204, Size: 928x1312, Model hash: 0b3046dd73, Model: tPonynai3_v41OptimizedFromV4, VAE hash: 2125bad8d3, VAE: sdxl_vae. safetensors, Denoising strength: 0.1, Clip skip: 2, ADetailer model: face_yolov8n.pt, ADetailer confidence: 0.3, ADetailer dilate erode: 4, ADetailer mask blur: 4, ADetailer denoising strength: 0.4, ADetailer inpaint only masked: True, ADetailer inpaint padding: 32, ADetailer use separate checkpoint: True, ADetailer checkpoint: Use same checkpoint, ADetailer version: 24.1.2, Mask blur: 4, Inpaint area: Only masked, Masked area padding: 32, Version: f0.0.15v1.8.0rc-latest-209-g539bc503

　ここからの作り込みは、基本的に「Stable DIffusion での Inpaint」と「Photoshop での修正」を繰り返すことで行っていきます。Inpaint 時の Denoising strength 値は 0.4 と少々高い値を設定し、モデルによる修正と味付けをしっかり目におこないます。またこの時のプロンプトは、先ほど画像全体を img2img した時のものそのままで問題ありません。

たまに意図した描画にならないことがあるため、その時のみInpaintする箇所に特化したプロンプトに変更しています。理想の生成結果が得られるまで数十枚ほど生成し、選別後にPhotoshopで細かい修正を行います。非常に軽微な修正や、Inpaintでの理想的な描画が難しい箇所は、Photoshopで直に描くこともあります。

各箇所の作り込みを行いつつ、適当なタイミングでfig.16の顔周りを合成します。細かな調整を経て、全ての作り込みが完了した状態がfig.17になります。襟まわりの修飾や、水路奥の通路を手前と同じ階段状に変更した点、ごちゃごちゃしていた葉の質感変更などがこだわりポイントです。

fig.17

STEP 5

イラストのアップスケール

⏱ **目安時間** 作業：5分 生成：5分

● img2imgとControlNetでアップスケール

最終調整の前に、ここでアップスケールをしておきます。アップスケールには、Stable Diffusionのimg2img機能とControlNetを使用します。使用するControlNetのモデルは、入力画像の形状を維持してくれるcontrolnet852AClone_v10です。画像サイズとDenoising strength以外のパラメータに変更はなく、ControlNet側の設定もモデル以外はデフォルトのままです。ここで、まず2.5倍のアップスケールを行います。

▲ img2imgでのControlNetの設定はこのようになっています。

🔗 **ControlNet 852_a_clone_xl**
https://civitai.com/models/463436/controlnet-852aclonexl

― **PromptとNegative Promptには変更なし**

― **Parameter**
Steps: 30, Sampler: DPM++ 2M Karras, CFG scale: 8, Seed: 2408455773, Size: 2320x3280, Model hash: 0b3046dd73, Model: tPonynai3_v41OptimizedFromV4, VAE hash: 2125bad8d3, VAE: sdxl_vae.safetensors, Denoising strength: 0.33, Clip skip: 2, ControlNet 0: "Module: None, Model: controlnet852AClone_v10 [808807b2], Weight: 1, Resize Mode: Crop and Resize, Processor Res: 512, Threshold A: 0.5, Threshold B: 0.5, Guidance Start: 0, Guidance End: 1, Pixel Perfect: True, Control Mode: Balanced, Hr Option: Both", Version: f0.0.15v1.8.0rc-latest-209-g539bc503

VRAMの性能上これ以上の解像度を指定するのが難しいため、続きはWebUIのExtraタブに備えられているアップスケール機能を利用します。アップスケーラーには、アニメ向けでくっきりとした色合いに仕上げてくれる4x_fatal_Anime_500000_Gを使用します。こちらでは1.7倍のアップスケールを行いました。

STEP 6 仕上げ

🕐 目安時間　作業：90分

● 手作業で細部を修正する

　最後にPhotoshopで仕上げを行います。STEP 5のアップスケールの過程でイラストの細かい部分に軽微な破綻が生じているため、まずはその修正を行います。例えば口元は、上の歯を隠して八重歯の黒ずみを取り除きました。また、ここで目の描き込みを行います。目はキャラクターを印象づけるうえで重要なパーツですが、img2imgではなかなか自分の理想に届くものが生成できません。そのため、私のワークフローでは終盤に自力で何とかすることが多いです。レイヤー合成モードの乗算、ビビッドライト等を使いながら、ハイライトや影になる部分を描いていきます。完全に描きかえるわけではなく、元画像の雰囲気を残しつつ、上から重ねるようなイメージで作業を行います。

fig.19

fig.20

● Photoshopの機能で色調と光を調整する

次に、PhotoshopのCamera Rawフィルターを使って色彩や明暗の調整を行います。現状の画像はどこか全体に緑色がかかっていて、これは写真の「色かぶり」に似ています。Camera Rawフィルターには、色かぶりをはじめ、画像のカラーを細かく修正できるパラメーターがあるた

め、これらを使って理想とする色合いに近づけます。その他、明るく柔らかな雰囲気にするためにライトやテクスチャを調整したり、彩度・コントラストを高く設定することで臨場感を演出するなど「目を引き付ける画作り」を意識しました。

fig.21

また、よりドラマチックな雰囲気を演出するため、赤のチャンネルを少しずらして色収差を表現します。ただし、そのままだと目を引かせたいキャラクターの顔や胸元までぼやけてしまうため、マスクをかけてそれらの主線を残すようにしました。

fig.22

fig.23

最後に、画像に光源を追加します。今回のシチュエーションでは、画像の右上、画角のギリギリ外側に光源があると仮定し、そこに光源と円形のグラデーションを設置。レンズフレアとゴーストをうっすら入れ、若干のグロー効果も適用することで、日差しの強さを表現しました。

fig.24

全てが終わったところで一度作品全体を見直し、気になったところを微調整します。具体的には削除ツールで、目立ち過ぎていたゴーストを一部削除/ブラシツール等で一部の葉の破綻を修正/より清涼感を高めるため、画像の明るさや彩度、カラーバランスを再調整/画像のシャープネスを上げ、少々ぼやけ過ぎていた印象を改善させています。これで完成です。

fig.25

▶ Key Prompt

a girl with cat ears, black short hair, blunt bangs, side locks, earlocks, straight silky hair, reading a book, in the style of anime-inspired, foreshortening, foreshortening, foreshortening, from below, limited tone, stereoscopic photography, in the old tunnel, plant wall, 16k uhd, high-key, bright tone,

■ Key Prompt

a girl with cat ears, black short hair, blunt bangs, side locks, earlocks, in the sunset beach, full body, in the style of anime-inspired, limited tone, stereoscopic photography,16k uhd, light white and light blue,

> **Column**
>
> ## Stable Diffusionの拡張機能を活用しよう
>
> メインキング解説でも触れられていたように、Stable Diffusionを利用した画像生成を使いこなすには、自分にとって使いやすい機能を整えていくことが大切です。ここではAUTOMATIC1111で画像生成を行う際に便利な拡張機能を紹介します。
>
> ◆ プロンプト構築を補助する [SD WebUI Tag Autocomplete]
>
> プロンプトの構築には翻訳やLLMサービスを利用することもできます。一方で、この拡張機能を利用することで、各Webサービスで提供されているような、入力に対して近い単語レベルのプロンプトのヒントを表示することができます。
>
> 🔗 **DominikDoom/a1111-sd-webui-tagcomplete**
> https://github.com/DominikDoom/a1111-sd-webui-tagcomplete
>
>
>
> ◆ モデルのパラメーターをマージで調整する [SuperMerger]
>
> モデルを調整する手段として、追加学習の他にも複数のモデルのパラメーターを合わせて調整するマージと呼ばれる方法があります。例えば、写実的なモデルとイラスト調のモデルを合わせてその中間の作風を表現したりできるようになります。もともとマージ機能はAUTOMATIC1111にも搭載されていますが、この拡張機能では様々なオプションを設定して複数の条件のマージを実行し、それらをいちいち保存することなくマージ後のモデルと同じ条件で画像を生成して確かめることができます。
>
> 🔗 **hako-mikan/sd-webui-supermerger**
> https://github.com/hako-mikan/sd-webui-supermerger
>
>
>
> ◆ 顔や手の描写を補正する [ADetailer]
>
> 画像上の面積がそこまで大きくないにも関わらず要素の多い、顔や手の指などは正確に生成することが難しく、しばしば後からimg2imgなどで修正が必要となります。この拡張機能では顔や手を画像から自動で検出しその領域を再度生成することできれいな画像へと補正します。
>
> 🔗 **Bing-su/adetailer**
> https://github.com/Bing-su/adetailer
>
>
>
> このようにStable Diffusionの拡張機能は様々なAIモデルを組み込みより使いやすい機能が開発されています。これらの機能は各Webサービスでも応用されていたり、自分でプログラミングして開発することもできますので、画像の作り方を学んでいくとともに「自分が使いたいAI機能」とは何かを探求してみて下さい。

Part

3

画像生成AI活用の注意点

生成AIを活用するにあたって、多くの方々が気になることや疑問に感じる点について阿部・井窪・片山法律事務所所属の柴山弁護士と柴崎弁護士に質問し回答をいただきました。

生成AIの利用に関しては、主にどのようなことが問題になるか、全体像を教えてください。

Answer

生成AIの利用に関する問題については、①プロンプト入力段階、②プロンプトを入力して得られたAI生成物の利用段階、③そもそも利用する生成AIのモデルを選定する段階、の3つの段階に分けて考えることができます。

① プロンプト入力段階

プロンプト入力段階においては、特に以下のようなことが問題となりうるでしょう。

▶ **入力してはいけないデータを入力していないか**

プロンプトへの入力は、生成AIを管理する企業等に入力データがわたることを意味します。したがって、例えば秘密保持契約を締結している先から取得した秘密情報等、秘密にしておくべき情報を入力してよいか否かは慎重に検討が必要でしょう。また、個人データは原則として同意なしに第三者に提供することが禁止されていますので、この点にも注意が必要です。このような情報を入力することが必ず違法になるわけではなく、生成AIの利用規約等によっても結論は変わってきうるのですが、慎重な検討が必要です。

▶ **問題のある目的での利用ではないか**

例えば、プロンプトとして他人の著作物を入力する場合、原則としてこれだけで著作権を侵害することにはなりませんが、当該入力の対象となった他人の著作物と同一・類似するAI生成物を生成する目的がある場合には、入力行為自体が著作権侵害になる可能性があります[*1]。

▶ **プロンプトの内容等が利用規約に違反しないか**

上記の利用目的の点とも関連しますが、利用規約でも利用目的や方法について一定の制限が課されていることがあります。例えば、未成年者を搾取し、危害を加えるような目的での利用等が禁止されている利用規約もあります。

② プロンプトを入力して得られたAI生成物の利用段階

AI生成物の利用段階では、まず、AI生成物が第三者の著作権等の権利を侵害しないかを確認する必要があります。また、法的には権利の侵害はないとしても、類似の作品が存在している場合等には、利用方法によっては炎上などの問題が生じることがありますので、その観点からも検討が必要です。さらに、生成AIから出力された情報には誤った情報が含まれることがありますので、AI生成物に誤った内容が含まれていないかを確認する必要もあります。加えて、例えばわいせつな画像・グロテスクな画像など、不適切な内容が含まれていないかも確認する必要があるでしょう。

---

*1：一般社団法人日本ディープラーニング協会「生成AIの利用ガイドライン」参照。

③ そもそも利用する生成AIのモデルを選定する段階

主に以下のような点の検討が必要になります。

- 利用規約上、AI生成物の利用に制限がないか（商用利用の禁止等）
- 入力したプロンプトに含まれるデータはどのように利用されるか（学習に用いられるか等）
- AI生成物が著作権を侵害するリスクは高いか（特定の作風を出力する等）
- データはどこに保存されるか

生成AI利用時の主な問題点

プロンプト入力段階

- 入力してはいけない情報を入力していないか（個人データ、秘密情報等）
- 問題のある目的ではないか（著作権の侵害等）
- プロンプトの内容が利用規約に違反しないか

利用するモデルの選定

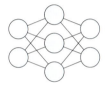

- 利用規約上、AI生成物の利用に制限がないか（商用利用の禁止等）
- 入力したプロンプトに含まれるデータはどのように利用されるか（学習に用いられるか等）
- AI生成物が著作権を侵害するリスクは高いか（特定の作風を出力する等）
- データはどこに保存されるか

AI生成物の利用段階

- AI生成物が第三者の著作権等を侵害しないか
- 著作権等の権利の侵害はないとしても、類似の作品が存在している等、利用時に注意すべき点はないか
- 誤った内容が含まれていないか
- わいせつな画像・グロテスクな画像など、不適切な内容が含まれていないか

 知的財産権とはどういった権利なのでしょうか。
生成AIの利用にあたって特に重要になる権利は何ですか。

Answer

知的財産権は、人が創造的な活動により生み出した物に関する権利（著作権や意匠権等）や営業上の標識についての権利（商標権等）を含む複数の権利の総称で、「知的な創作活動によって何かを創り出した人に対して付与される『他人に無断で利用されない権利』」です[*2]。

知的財産権の中でも、生成AIの利用にあたって特に重要な権利は著作権です。その他に意匠権や商標権が問題になり得る場面もありますが、その頻度は著作権ほど多くはないと考

[*2]：文化庁「著作権テキスト（令和5年度版）」2頁。

えられます。以下、主要な知的財産権について簡単にご紹介します。

▶ 著作権

著作権とは、「思想又は感情を創作的に表現したものであって、文芸、学術、美術又は音楽の範囲に属するもの」（著作物）を保護する権利です。著作権に関しては、権利を取得するための登録等の手続は不要であり、著作物が創作された時点で自動的に権利が付与され、この点は後述の意匠権や商標権とは異なります。生成AIの利用との関係で著作権が問題になるのは、以下のような場面です。

・プロンプトに第三者の著作物を含めて入力してよいか（Q3参照）
・AI生成物に著作権が発生するか（Q4参照）
・AI生成物が第三者の著作権を侵害しないか（Q6参照）

▶ 意匠権

意匠権とは、物や画像の意匠（デザイン）を保護する権利であり、その取得のためには特許庁への意匠登録の出願が必要になります。生成AIとの関係で意匠権が問題になることは多くありませんが、AI生成物が第三者の意匠権を侵害しないか、という文脈で問題になることがあります。

応用的な問題なので本書では詳しく扱いませんが、例えば、生成AIを用いて自社の商品デザイン案を作成し、それを元に製造した自社商品が他社の意匠と類似してしまった場合等には、意匠権の侵害として損害賠償や差止めの請求を受ける可能性があります。

▶ 商標権

商標権とは、自己の取り扱う商品・サービスを他人のものと区別するために使用する標章（マーク等）を保護する権利であり、その取得のためには特許庁への商標登録の出願が必要になります。商標登録の出願の際には、その商標を使用する商品や役務を併せて指定する必要があります。

生成AIとの関係では、生成AIが生成した標章が第三者の商標権を侵害しないかという点が問題になり得ます。この点もやや応用的な問題なので本書では詳しく扱いませんが、例えば、生成AIを用いてロゴを作成する場合、当該ロゴが他社の登録商標と同一又は類似のものになってしまい、当該登録商標の指定商品又は指定役務と同一・類似の商品・役務に関して使用してしまった場合は、損害賠償や差止めの請求を受けるリスクがあります。

▶ 特許権

特許権とは、産業上利用できる発明を保護するための権利です。画像生成AIの利用との関係では特許権が問題になることはあまりないので、詳細の説明は省略します。

著作権とはどのような権利でしょうか。
画像生成AIの利用との関係で特に知っておくべきポイントを教えてください。

Answer

　著作権とは、「思想又は感情を創作的に表現したものであって、文芸、学術、美術又は音楽の範囲に属するもの（著作物）」を保護する権利のことです。絵画や写真は、通常は「思想又は感情を創作的に表現したもの」であるため、基本的に著作権が認められます。他方、個々の絵画や写真といった作品を離れた抽象的な作風や画風はアイデアに過ぎず、著作権法では保護されないと考えられています。そのため、AI生成物が単に第三者の作品の作風や画風と類似しているだけでは、著作権侵害には該当しません。

　第三者の著作物については、著作権者に無断でコピーしたり、インターネット等で公衆向けに送信したりすることは原則として著作権侵害に該当します。

　画像生成AIを利用したサービスにおいて、画像を入力して別の画像を生成する機能（img2img）を利用するためには画像を複製し、当該サービスに入力する行為が必要ですが、このような行為は、画像が第三者の著作物である場合には、本来であれば著作権を侵害してしまうことになります。しかし、情報解析の用に供する場合等、著作物に表現された思想又は感情を自ら享受し又は他人に享受させることを目的としない場合には、第三者の著作物を利用することができるとされています（著作権法30条の4）。生成AIにプロンプトとして第三者の著作物を入力する行為は、通常はこの「情報解析」として認められることになります。もっとも、あくまで著作物に表現された思想又は感情の享受を目的としない利用であれば第三者の著作物の利用が認められるにすぎません。例えば、生成AIに対する入力に用いた既存の著作物と類似する生成物を生成させる目的で当該著作物を入力するような場合には、著作物に表現された思想又は感情の享受を目的とすると認められるため、原則に戻って著作物の利用は著作権侵害となる点には注意が必要です[*3]。

　なお、著作権法30条の4は、著作物に表現された思想又は感情の享受を目的としない利用であっても、「著作権者の利益を不当に害することとなる場合」には、著作物の利用はできないとしています。どういった場合に「著作権者の利益を不当に害する」かという問題は、特にAIの開発・学習の場面においては重要ですが、応用的な問題ですので、本書では解説を省略します[*4]。

＊3：文化審議会著作権分科会法制度小委員会「AIと著作権に関する考え方について」（令和6年3月15日）37頁以下。
＊4：興味がある方は、文化審議会著作権分科会法制度小委員会「AIと著作権に関する考え方について」（令和6年3月15日）22頁以下が詳しく解説していますので、ご参照ください。

画像生成AIを活用するにあたって、AI生成物に著作物性が認められるためにはどうすればよいでしょうか。
また、自分が作成したコンテンツについて、著作物であることを証明するにはどのようなことが必要でしょうか。

Answer

1. AI生成物と著作権

AI生成物に関し、生成AIが自律的に生成したものは、「思想又は感情を創作的に表現したもの」にあたらないので、原則としてAI生成物には著作権が発生しないとされています。著作権が発生しない場合、AI生成物を第三者に無断で利用されても、著作権侵害を理由とした請求はできないことになります。

ただし、例外的に、以下のような場合等には、AI生成物に著作権が認められる場合があります。

①AI生成物の生成の過程において、生成AIの利用者による創作的寄与があった場合
②既存のAI生成物に対して、人間が創作的表現といえる加筆・修正を加えた場合

①について、AI生成物の生成の過程において、生成AIの利用者による創作的寄与があった場合、当該利用者を著作者として著作権が発生すると考えられています。具体的に言えば、指示・入力（プロンプト等）の分量・内容、生成の試行回数、及び複数の生成物からの選択の有無といった要素を考慮して、創作的寄与の有無を判断するとされています[*5]。ただし、創作的寄与が認められるハードルはそれなりに高いように思われます。

②について、既存のAI生成物に対して、人間が創作的表現といえる加筆・修正を加えた部分については、当該部分のみで「思想又は感情を創作的に表現したもの」に該当すると言えるため、著作物性が認められると考えられます。例えば、AI生成物のサイズを変えるだけでは創作的表現をしたとは通常いえないと思われますが、AI生成物の構図は参考にしつつも手作業で作風を変更するような場合等には、創作的表現といえることもあるでしょう。

2. 著作物であることの証明

AI生成物に原則として著作権が発生しないことから、①AI生成物に創作的表現といえる加筆・修正をしたのに「AI生成物に著作権は生じない」と主張されて無断利用されてしまうリスクや、②生成AIを用いずに絵画を作成したのに、当該絵画につき「生成AIを使っており著作権が生じない」と主張されて無断利用されてしまうリスクが考えられます。

①については、生成AIをどのように使って、人間はどのような加筆・修正をしたのかを事後的に示すことができるようにしておくことが重要です。そのためには、入力したプロンプトと、当該プロンプトによって生成されたAI生成物を紐づけて保管しておくことが望ましいでしょう。

---

*5：文化審議会著作権分科会法制度小委員会「AIと著作権に関する考え方について」（令和6年3月15日）39頁以下。

②については、生成AIを使っていないことを示す必要があるので、コンテンツの作成過程をできるだけ細かく残しておく等の工夫が必要です。

なお、今後、生成AIの利用は一層増え、世の中にたくさんのAI生成物が出回ることが予想されることから、人間が作成したコンテンツとAI生成物を区別して管理しておくことや、AI生成物には生成AIを利用したことを明記することが望ましいといえるでしょう。

Q5 ▶ 高解像度化、線画の補正及び着色など工程の一部で特定の作業に特化したAIを利用した場合にも、部分的に著作権が認められなくなってしまうのでしょうか。

Answer

自分で絵を描いて、高解像度化や線画の補正、着色など工程の一部で特定の作業に特化したAIを利用するような場合には、まず、自分が描いた絵には、通常、創作性が認められ、著作権が発生します。他方、Q4で解説したとおり、生成AIから出力したものそれ自体については、基本的に著作権は発生しないため、高解像度化や線画の補正AIが行った工程それ自体については、基本的に著作権は発生しません。もっとも、高解像度化、線画の補正及び着色などについては、仮に人が行ったとしても、その作業自体で何か著作権が発生するということはない場合も多く、あまりこの点は問題にならないようにも思います（着色について、独創的な着色をした場合に、人が行っていれば著作権が発生するが生成AIが出力したために著作権が発生しない、ということはありうるかもしれませんが、この場合であっても、人が描いた絵それ自体については著作権で保護されるのが通常ですので、この点が大きな問題になることは少ないでしょう。）。

Q6 ▶ 画像生成AIのAI生成物が既存の第三者の著作物に類似してしまった場合にはどのような問題が生じますか。
さらに、類似した既存のコンテンツが画像生成AIによって生成されていた場合は、どのような問題が生じますか。

Answer

▶ 1. AI生成物と著作権侵害

　AI生成物が既存の第三者の著作物に類似してしまった場合、当該AI生成物が当該第三者の著作物に依拠していると判断されれば、AI生成物を利用することは当該第三者の著作権を侵害することになり得、当該AI生成物の利用の差止めや損害賠償を請求される可能性があります。

　著作権の侵害は、AI生成物が第三者の著作物と類似していること（類似性）とAI生成物が第三者の著作物に依拠してつくられたものであること（依拠性）の2点が存在した場合に認められます。

　類似性については、創作的表現が同一又は類似である場合に認められるものです。創作的表現ではなく、単なるアイデアのように著作権法上で保護されないものが類似していたとしても、著作権侵害にはなりません。

　依拠性については、既存の著作物に接して、それを自己の作品の中に用いているといえる場合に認められるものです。例えば、プロンプトに第三者の著作物を入力するケースのように、第三者の著作物を認識したうえで生成AIを利用する場合には、当該著作物について依拠性が認められるのが通常です。これに加えて、生成AIの利用者が既存の著作物を認識していなかったとしても、AI学習用データに当該著作物が含まれる場合に、当該著作物に類似した生成物が生成されたときには、通常、依拠性があったと推認されると考えられていますので注意が必要です[6]。

▶ 2. AI生成物が他のAI生成物と類似している場合

　類似性が問題になる既存のコンテンツも生成AIにより生成されたAI生成物である場合、Q4で述べたとおり、原則としてAI生成物にはそもそも著作権が発生しないとされています。そのため、自らのAI生成物が第三者のAI生成物と類似してしまった場合であっても、基本的には、著作権侵害の問題は生じません。ただし、同様にQ4で述べたとおり、例外的にAI生成物に関して著作権が発生する場合があり、その場合はAI生成物であっても著作権侵害の問題が生じ得ます。

＊6：文化審議会著作権分科会法制度小委員会「AIと著作権に関する考え方について」（令和6年3月15日）34頁。

Q7

社外のデザイナーに画像の作成等を委託する際、社外のデザイナーが生成AIを使用する場合に発注者として気をつけなければいけないことはありますか。

Answer

　画像生成AIを利用して新たな画像を生成する際、Q6で解説した通り、生成AIの利用者が既存の著作物を認識していなかったとしても、AI学習用データに当該著作物が含まれる場合に、当該著作物に類似した生成物が生成されたときには、通常、依拠性があったと推認される（つまり、第三者の著作権を侵害しうる）とされています。したがって、社外のデザイナーが生成AIを利用して画像を生成する場合、当該デザイナーにはそのつもりがなくても、（実際の可能性は低いかもしれませんが）生成された画像が第三者の著作権を侵害するものであることがあります。この点は、生成AIに内在するリスクとも言い得るところですのでやむを得ない側面もありますが、生成AIのサービスの中には、ライセンスを付与されたデータや、著作権の保護期間が過ぎたデータのみを使って学習しているとされるものも存在します。こういったものは、AI生成物が著作権を侵害してしまうリスクが低いので、著作権侵害に特に注意が必要な案件では、生成AIのサービスの中でもリスクが低いとされる特定のサービスを利用するよう契約上定めておくこともありうるでしょう。

　また、著作権侵害のリスクや、作成した画像に著作権が発生しているかを判断するために、生成AIにより生成されたAI生成物からあまり手を加えずに最終的な成果物とする場合等には、利用した生成AIのサービスと入力したプロンプトの情報、それに対応して出力されたAI生成物なども併せて納品することを契約上定めておくことも考えられるでしょう。

Q8

現在、学習の場面ではなく入力の場面において第三者の著作物を使用する方法（img2imgやControlNetと呼ばれる方法）に関してトラブルになっているケースがあります。
このような行為は何らかの権利侵害にあたらないのでしょうか？

Answer

　img2imgなどで第三者の著作物をプロンプトとして入力する場合、特に以下の3点が問題になり得ます。

① 第三者の著作物を複製等して生成AIに入力する行為が第三者の著作権を侵害しないか

② 第三者の著作物を入力した結果、第三者の著作物に類似したAI生成物が生成された場合、これを利用することは第三者の著作権を侵害しないか

③ 第三者が「生成AIへの入力の禁止」を表明したうえで著作物を公表している場合、当

該著作物を入力することが問題にならないか

①について、Q3で解説した通り、著作権法上、第三者の著作物の生成AIへの入力は、著作物に表現された思想又は感情の享受を目的としない利用として、当該第三者の許可なく可能であるとされています。ただし、生成AIへの入力に用いた既存の著作物と類似する生成物を生成させる目的で当該著作物を入力するような場合等には、著作物に表現された思想又は感情の享受を目的とすると認められるため、著作物の利用は著作権侵害となり得る点には注意が必要です[*7]。

②については、Q6で解説した通り、第三者の著作物をプロンプトとして入力した場合には基本的に依拠性が認められるため、これに加えて類似性が認められれば、当該AI生成物の利用は著作権侵害となります。

③については、第三者が表明している「生成AIへの入力の禁止」という条件に承諾していた場合、「生成AIへの入力の禁止」を内容とする契約が成立し、生成AIへの入力は契約違反になり得ます。例えば、生成AIへの入力禁止が明記されている利用規約に同意して有償のコンテンツを購入したような場合には、「生成AIへの入力の禁止」という条件を承諾したといえます。他方、このような明示的な同意なく、単に「生成AIへの入力の禁止」という記載があるページから画像をダウンロードして使うような場合については個別のケース次第ではありますが、一般的には承諾が認められることは少なく、契約違反になる可能性は必ずしも高くないでしょう。

Q9 法律・倫理的な観点からAIの学習用データセットを作る際に注意しておくべきことはどんなことがありますか？

Answer

AIの学習用データセットを作る際に注意すべき点は多岐にわたりますが、特に重要なものとして以下のものが挙げられます。

▶ **個人情報が含まれる場合には、個人情報保護法を順守する**

個人情報が含まれる場合、利用目的の通知・公表が必要になるほか、個人データを第三者に提供する場合に原則として同意が必要になったり、取り扱いを第三者に委託する場合には委託先の監督が必要になったりと、様々な義務が課せられます。また、生成AIは、学習データが出力データの中に含まれてしまう可能性があると言われているため、個人情報の漏えいが起こらないよう、学習に用いた個人情報がそのまま出力されないような措置を講じる必要があります。

[*7]: なお、著作権侵害がない場合であっても、当該生成行為が、故意又は過失によって第三者の営業上の利益や、人格的利益等を侵害するものである場合は、因果関係その他の不法行為責任及び人格権侵害に伴う責任の要件を満たす限りにおいて、当該生成行為を行う者が不法行為責任や人格権侵害に伴う責任を負う場合はあり得ると考えられます（文化審議会著作権分科会法制度小委員会「AIと著作権に関する考え方について」（令和6年3月15日）23頁以下）。

▶ 秘密にすべき情報が入らないようにする

　AIの学習用データセットに含まれるデータについては、生成AIの提供事業者等の第三者に提供される可能性があります。また、上記のとおり、学習データが出力データに含まれてしまう可能性があると言われています。そのため、契約上第三者への開示が禁止されている秘密情報や社内規則等で社外への開示が禁止されている秘密情報について、学習用データセットに含まれないよう注意する必要があります。

▶ 収集するデータが権利侵害複製物ではないかを確認する

　AIの学習用データセットには、第三者の権利を侵害することが明らかなデータ（海賊版等）が含まれないよう注意する必要があります。ウェブサイトが海賊版等の権利侵害複製物を掲載していることを知りながら、当該ウェブサイトから学習データの収集を行う行為は、厳に慎むべきとされており、当該学習データを用いて学習した生成AIにより生成されたAI生成物の著作権侵害について規範的な行為主体として責任を問われる可能性があります[*8]。

▶ データの内容を適切に保つ

　また、AIの用途にもよりますが、学習用データセットに含まれるデータの内容が正確であり誤った内容を含まないようにすること、偏ったデータにならないこと等も重要です。

 第三者が提供する画像生成AIを利用したサービスを開発し、ユーザーに提供する際にはどのようなことに注意が必要でしょうか。また、利用規約にはどのような内容を設けるべきでしょうか。

Answer

　第三者が提供する画像生成AIがAPIを公開している場合等には、当該生成AIと自社のサービスとを組み合わせて一つのサービスとして提供することが考えられます。

　こういった場合には、これまでに解説してきた生成AIの性質を踏まえたサービス設計が必要でしょう。例えば、AI生成物が第三者の著作権を侵害するものになるリスクがあるため、そのリスクを誰が負うのか（自社が責任を負うのか）や、AI生成物に著作権が発生しない可能性をどう考えるか、といった点を検討し、利用規約等で明確にしておく必要があるでしょう。

　また、サービスに組み込む画像生成AIの利用規約との整合性にも注意が必要です。例えば、当該画像生成AIの利用規約では商用利用が禁止されている場合、自社サービスの利用規約でも同じく商用利用を禁止しないと自社が契約に違反することになり得ますし、当該画像生成AIの利用規約ではAI生成物の著作権侵害の責任を負わないとされている場合、自社の利用規約にもそのように定めておかないと、自社に責任が集中する可能性があります。

---

*8：文化審議会著作権分科会法制度小委員会「AIと著作権に関する考え方について」（令和6年3月15日）28頁。

加えて、画像生成AIの利用には様々な倫理的リスクも指摘されていますので、サービスの特性に応じて、どういった倫理的リスクがあるかを洗い出したうえで、倫理的に問題のある態様での利用の禁止などを定めておく必要もあるでしょう。

 生成AIの利用にあたり、学習データが存在する地域、学習時の処理を行うサーバーがある地域、ユーザーが画像生成を行う地域が異なる場合が想定される点について、主にどのようなリスクが考えられますか。

Answer

　学習データが存在する地域、学習時の処理を行うサーバーがある地域、ユーザーが画像生成を行う地域が異なる場合が想定される点について、現時点で特に注意すべきリスクは著作権法の準拠法の問題と、（個人情報を扱う場合には）個人情報保護法の規制の問題の2つです。

▶ 著作権法

　Q3で説明したとおり、生成AIの利用にあたって、著作権法30条の4をはじめ、日本の著作権法が適用されるかは重要なポイントになります。AIの開発、サービスの提供及び利用がすべて日本国内で行われている場合には、日本の著作権法が適用されることになります。他方、学習時の処理を行うサーバーが海外に所在しているなど、AIの利用にかかわる行為の一部が海外で行われる場合には、日本の著作権法が適用されるか否かが必ずしも明確ではありません。したがって、海外の著作権法に相当する法令が適用される可能性があることに留意をする必要があります。

▶ 個人情報の取扱い

　生成AIにおいて個人情報を取り扱い、当該生成AIの学習時の処理を行うサーバーが海外にあるような場合、個人情報を海外に移転させなければならないことがあり得ます。日本の個人情報保護法においては、個人データの外国への移転に関して、原則として移転先となる外国の名称等の事項を開示したうえで本人の同意を得ることが必要です。また、場合によっては海外の個人情報保護法に相当する法令が適用される場合もあり、その点にも留意が必要です。

今後、AIの利用に関してどういった議論がなされる可能性があるでしょうか。

Answer

　AIの利用に関しては、今後も多くの議論がなされると思われますが、現在、議論が盛んになされているトピックの一部を取り上げると、以下のようなものがあります。

▶ コンテンツの保護に関する議論

　本書でも度々取り上げている、文化審議会著作権分科会法制度小委員会の「AIと著作権に関する考え方について」（令和6年3月15日）では、著作権に関する重要な論点が取りまとめられています。今後、著作権法自体の見直しも含め、さらに議論が進められていくと思われます。また、個人の「声」など、著作権では保護されないコンテンツの保護についても議論が進んでいくと思われます。

　さらに、著作権についての議論は、日本以外でも活発に行われています。例えば、アメリカでは、イラストレーターがStable Diffusionを開発したStability AI社に対し訴訟を提起していますし、NY Times社がOpenAI社等に対し訴訟を提起したことも報道されています。今後、アメリカの著作権法で非常に重要な「フェアユース」という概念に関して、AIの開発・利用において著作物の利用がどこまで許されるかという点など、日本でも注目すべき裁判所の判断がなされる可能性があります。

▶ AIを提供する事業者の規制等の議論

　EUでは、2024年8月1日付けでAI Actが発効し、AIを4つのリスクレベルに分類し、リスクの大きさに応じて規制を課すなどのアプローチが示されています。また、「汎用目的型AIモデル」（General-purpose AI model）についても一定の規制がなされています。

　日本では、総務省・経産省「AI事業者ガイドライン（第1.0版）」（令和6年4月19日）が公開されています。また、内閣府においてAI制度研究会が立ちあげられ、AIの法制度についても議論がなされています。

生成AI関連の法律はどこで最新の情報を得ることができるのでしょうか？ また、何らかのトラブルが発生した場合や、自身の著作権が侵害されたと感じた場合はどのような対処をするべきでしょうか？

Answer

AIに関する最近の法的なガイドライン等のうち、特に重要なものとして以下のものが挙げられます[*9]。

▶ 行政機関により公表されているもの

- 文化審議会著作権分科会法制度小委員会「AIと著作権に関する考え方について（令和6年3月15日）」[*10]
- 個人情報保護委員会「生成AIサービスの利用に関する注意喚起等」（2023年6月2日）[*11]
- 総務省・経済産業省「AI事業者ガイドライン（第1.0版）」（令和6年4月19日）[*12]
- 文化庁著作権課「AIと著作権に関するチェックリスト＆ガイダンス」（令和6年7月31日）[*13]
- 経済産業省「コンテンツ制作のための生成AI利活用ガイドブック」[*14]

▶ 行政機関以外により公表されているもの

- 自民党AIの進化と実装に関するPT WG有志「責任あるAIの推進のための法的ガバナンスに関する素案」（2024年2月）[*15]
- 一般社団法人日本ディープラーニング協会「生成AIの利用ガイドライン」、「生成AIの利用ガイドライン（画像編）」[*16]

また、弁護士等の専門家がSNSでこれらの情報を発信していることもありますので、フォローしておくのも一つの手かもしれません。

トラブルが発生した場合や、自身の著作権が侵害されたと感じた場合には、個別の検討が必要になりますので、専門家に相談することが望ましいです。

まとめ

AIに関連する法制度はまだ十分に議論が尽くされているわけではなく、コンテンツの権利等の保護とAI技術の発展との調和を図りつつ、新しい法秩序を作っていく段階にあります。生成AIの利用は様々な場面で避けて通れなくなってきていますので、法令やガイドライン等をキャッチアップすることが非常に重要になるでしょう。

[*9] : 2024年8月6日時点の情報です。
[*10] : https://www.bunka.go.jp/seisaku/bunkashingikai/chosakuken/pdf/94037901_01.pdf
[*11] : https://www.ppc.go.jp/files/pdf/230602_alert_generative_AI_service.pdf
[*12] : https://www.meti.go.jp/press/2024/04/20240419004/20240419004.html
[*13] : https://www.bunka.go.jp/seisaku/bunkashingikai/chosakuken/seisaku/r06_02/pdf/94089701_05.pdf
[*14] : https://www.meti.go.jp/policy/mono_info_service/contents/aiguidebook.html
[*15] : https://note.com/api/v2/attachments/download/93c178c2f3e28c5b56718c9e7c610357
[*16] : https://www.jdla.org/document/#ai-guideline

リファレンス

GitHub - CompVis/latent-diffusion
https://github.com/CompVis/latent-diffusion

huggingface - stabilityai/stable-diffusion-xl-base-1.0
https://huggingface.co/stabilityai/stable-diffusion-xl-base-1.0

GitHub - lllyasviel/ControlNet
https://github.com/lllyasviel/ControlNet

Midjourney Documentation and User Guide
https://docs.midjourney.com/

NovelAI Documentation - Image Generation
https://docs.novelai.net/image

Adobe Blog - Adobe Firefly
https://blog.adobe.com/en/topics/adobe-firefly

文化庁 - AIと著作権に関する考え方について
https://www.bunka.go.jp/seisaku/bunkashingikai/chosakuken/pdf/94037901_01.pdf

経済産業省 - コンテンツ制作のための生成AIガイドブック
https://www.meti.go.jp/policy/mono_info_service/contents/ai_guidebook_set.pdf

■ **本書のサポートページ**
https://isbn2.sbcr.jp/27034/

本書をお読みいただいたご感想を上記URLからお寄せください。
本書に関するサポート情報やお問い合わせ受付フォームも掲載しておりますので、あわせてご利用ください。

■ **著者紹介**
Generative AI 編集部
生成AIをはじめとする最新のデジタルテクノロジーの活用を研究するライター＆クリエイター集団。AI技術の進化がもたらす新しい可能性を探求している。

メイキングテクニック解説
Sentaku
万里ゆらり
フィナス
シトラス（柑橘系）
あいきみ
くよう
茶々のこ

画像生成AIに関する注意点の解説
阿部・井窪・片山法律事務所
柴山 吉報
柴崎 拓

画像生成AI　メイキングテクニックガイド

2024年9月8日　　初版第1刷発行

著　者　　　　　Generative AI 編集部
発行者　　　　　出井 貴完
発行所　　　　　SBクリエイティブ株式会社
　　　　　　　　〒105-0001 東京都港区虎ノ門2-2-1
　　　　　　　　https://www.sbcr.jp/
印　刷　　　　　株式会社シナノ

カバーデザイン　マツヤマ チヒロ（AKICHI）
本文デザイン　　清水 かな（クニメディア）
制　作　　　　　クニメディア株式会社

落丁本、乱丁本は小社営業部にてお取り替えいたします。
定価はカバーに記載されております。

Printed in Japan　ISBN978-4-8156-2703-4